Rechenwege

Mathematikbuch Klasse 4

Mandy Fuchs
Friedhelm Käpnick (Herausgeber)
Elke Mirwald
Christine Münzel
Birgit Schlabitz
Dieter Schmidt

Die Bilder zeichneten
Cleo-Petra Kurze
und
Klaus Vonderwerth

D1720578

VOLK UND WISSEN

Inhalt

Was lerne ich in Klasse 4? 4–5

1. Wiederholung

Addieren und Subtrahieren; Multiplizieren und Dividieren 6–9
Aufgaben mit verschiedenen Rechenarten;
Gleichungen, Ungleichungen, Rechenrätsel 10–11
Entdeckungen am Hunderterfeld 12–13
Geometrie Körper, Flächen, Linien; Wegenetze 14–15
Wie viele? Welche? Wie oft?; Auf dem Bauernhof 16–17

2. Die Zahlen bis 1 000 000

Große Zahlen aus unserer Umwelt;
Mini-Projekt Wie viel ist 1 000 000? 18–19
Von 1 bis 10 000; Von 10 000 bis 1 000 000 20–21
Vielfältiges Darstellen großer Zahlen 22–23
Vorgänger und Nachfolger einer Zahl;
Nachbartausender, Nachbarhunderter 24–25
Größen Vergleichen und Ordnen der Zahlen bis 1 000 000 26–27
Größen Schaubilder und Diagramme 28–29
Größen Näherungswerte; Runden 30–31
Größen Einheiten der Länge 32–34
Dualzahlen 35
Üben von Station zu Station; Aus der Knobelkiste 36–37
Das kann ich schon! 38–39

3. Addieren und Subtrahieren bis 1 000 000

Was kann ich schon? 40–41
Mündliches und halbschriftliches Addieren und Subtrahieren 42–45
Schriftliches Addieren bis 1 000 000 46–47
Schriftliches Subtrahieren bis 1 000 000 48–49
Schriftliches Subtrahieren mit zwei Subtrahenden 50–51
Gleichungen und Ungleichungen; Aufgaben in Tabellenform 52–53
Größen Mini-Projekt Tiere und Pflanzen des Waldes 54–55
Größen Einheiten der Masse/des Gewichts 56–57
Größen Sachaufgaben: Nachrichten aus einer Getreidemühle 58
Größen Rauminhalte; Sachaufgaben: Unser kostbares Wasser 59–61
Größen Rechnen mit Kommazahlen 62–63
Größen Sachaufgaben: Berlin mit mathematischen Augen gesehen . . 64–65
Geometrie Körper; Körper und Flächen 66–67
Geometrie Ansichten 68–69
Geometrie Quader- und Würfelnetze 70–71
Größen Sachaufgaben: Wolkenkratzer;
Rechnen mit dem Taschenrechner 72–73
Üben von Station zu Station; Aus der Knobelkiste 74–75
Das kann ich schon! 76–77

4. Multiplizieren und Dividieren bis 1 000 000

Was kann ich schon? 78–79
Mündliches und halbschriftliches Multiplizieren und Dividieren 80–82
Schriftliches Multiplizieren 83–86
Rechnen mit dem Taschenrechner 87
Größen Sachaufgaben: Im Kino 88–89

$$
\begin{array}{r}
6\,5\,1\,8\,9 \\
-\quad 7\,4\,3\,2 \\
-\,2\,1\,5\,7\,0 \\
\hline
3\,6\,1\,8\,7
\end{array}
$$

80 000 Zuschauer

Eine Million Euro

Anzahl der Stunden

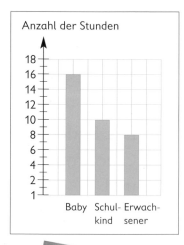

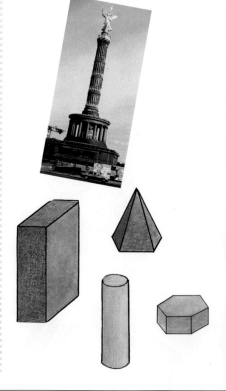

$$1578 : 3 = 526$$

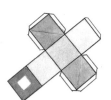

Schriftliches Dividieren . . . . 90 – 93
Dividieren mit Rest; Teilbarkeitsregeln und Primzahlen . . . . 94 – 95
Größen Mini-Projekt: Müll . . . . 96 – 97
Größen Einheiten der Zeit; Zeitdauer- und
Zeitpunktberechnungen . . . . 98 – 99
Größen Zeitstrahl . . . . 100 – 101
Größen Rechnen mit Kommazahlen . . . . 102 – 103
Geometrie Flächen, Ecken und Kanten 104
Geometrie Zueinander parallele und senkrechte Strecken 105
Geometrie Dreiecke, Vierecke, Kreise; Trapeze . . . . 106 – 107
Geometrie Vierecke; Achsensymmetrische Figuren . . . . 108 – 109
Geometrie Verschiebungen, schiebesymmetrische Figuren;
                          Drehungen, drehsymmetrische Figuren . . . . 110 – 111
Geometrie Vergleichen von Flächen; Flächeninhalt und Umfang . . 112 – 113
Geometrie Das kann ich schon! . . . . 114 – 115
Aufgaben mit verschiedenen Rechenarten,
Aufgaben mit Klammern;
Sommerfest in der Grundschule am Wall . . . . 116 – 117
Größen Durchschnittsberechnungen . . . . 118 – 119
Größen Vergrößern und Verkleinern; Maßstäbe . . . . 120 – 123
Üben von Station zu Station; Aus der Knobelkiste . . . . 124 – 125
Das kann ich schon! . . . . 126 – 127

5. Übungen, Knobeleien und Projekte
Wie Menschen früher zählten und rechneten;
Römische Zahlzeichen . . . . 128 – 129
Zufallsexperimente . . . . 130 – 131
Lernen am Computer; Aufgabenbriefe . . . . 132 – 133
Geometrie Geometrische Übungen von Station zu Station;
                          Aus der Knobelkiste . . . . 134 – 135
Geometrie Mini-Projekt Mathematik und Kunst . . . . 136 – 137
Größen Mini-Projekt Entdeckungen am menschlichen Körper . . . . 138 – 139
Größen Wir reisen durch Europa – Kommt mit! . . . . 140 – 141
Fit für die Klasse 5? . . . . 142 – 143

Hinweise zu den Aufgaben

Lerne mit einem anderen Kind!

Übe und schätze ein, ob du es schon kannst!

Gestalte selbst ein Arbeitsblatt!

Wiederhole und übe!

Lösungen

Achtung! Eine schwere Aufgabe!

Was lerne ich in Klasse 4?

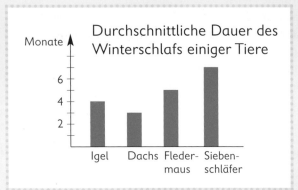

Durchschnittliche Dauer des Winterschlafs einiger Tiere

Monate: Igel 4, Dachs 3, Fledermaus 5, Siebenschläfer 7

Ü: 80 000

```
      1 5 7 2 4
  +     8 0 6 3
  + 4 9 1 0 5
  + 2 3 8 2 4
    7 6 7 1 6
```

Ü: 40 000

```
      6 5 1 8 9
  -     7 4 3 2
  - 2 1 5 7 0
    3 6 1 8 7
```

1000

600 000   500 000   700 000   800 000   900 000   1 000 000

Wie viel ist eine Million?

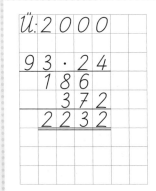

Ü: 2 000

```
9 3 · 2 4
  1 8 6
    3 7 2
  2 2 3 2
```

Ü: 600 : 3 = 200

```
5 3 7 : 3 = 1 7 9
3
2 3
2 1
  2 7
  2 7
    0
```

```
4 1 0 7 +   = 5 0 0 0

7 2 4 6 -   = 6 2 5 0

        · 5 = 8 9 3 5

3 0 ·   + 1 <   2 0 0

9 6 : 4 -   >   2 2
```

4

1	t =	___ kg
0,5	t =	___ kg
___	t =	4000 kg

0,2 l =	200	ml
1,5 l =	___	ml
0,001 l =	___	ml

Niederschlagsmengen in Berlin

Januar:	41 l	April:	30 l
Februar:	37 l	Mai:	44 l
März:	30 l	Juni:	60 l

Berechne die durchschnittliche Niederschlagsmenge pro Monat!

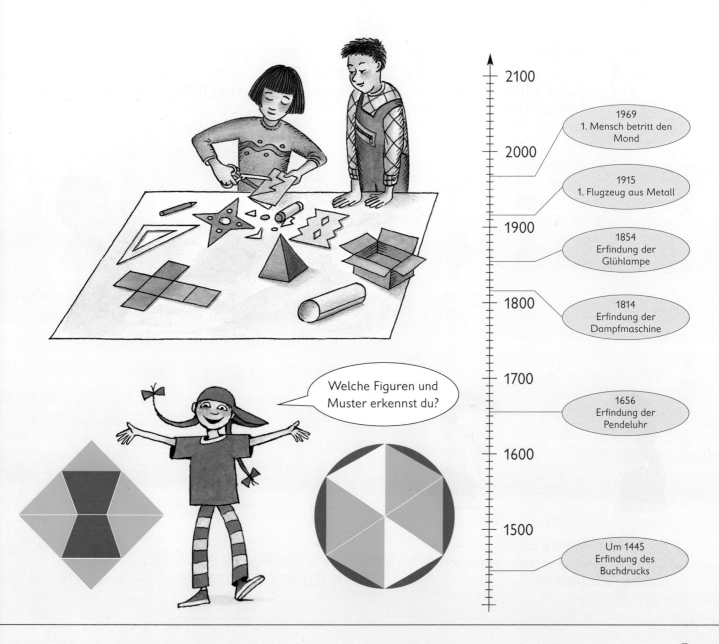

Welche Figuren und Muster erkennst du?

2100

2000

1969
1. Mensch betritt den Mond

1915
1. Flugzeug aus Metall

1900

1854
Erfindung der Glühlampe

1800

1814
Erfindung der Dampfmaschine

1700

1656
Erfindung der Pendeluhr

1600

1500

Um 1445
Erfindung des Buchdrucks

1. Wiederholung und Übung

Addieren und Subtrahieren

1

Aufgepasst und mitgemacht!

76	109	200	333	280	499	181	375	226
115	500	48	170	412	101	70	247	93
300	127	295	460	64	222	361	432	129
399	250	401	88	425	234	117	73	240

a) Nennt abwechselnd in jeder Zeile von links nach rechts
- den Nachfolger jeder Zahl (z. B. 77 statt 76),
- den Vorgänger jeder Zahl (z. B. 75 statt 76),
- nur die geraden Zahlen,
- nur die ungeraden Zahlen,
- das Doppelte jeder Zahl (z. B. 152 statt 76)!

b) Denkt euch weitere Regeln für das Zahlenfeld aus und wendet sie an!

2 Rechne im Kopf!

a)
80 + 30
700 + 200
40 + 150
340 + 150
120 + 610

712 + 60
50 + 111
111 + 50
333 + 222
431 + 99

b)
60 − 40
800 − 700
590 − 60
780 − 8
335 − 19

930 − 15
220 − 70
430 − 130
620 − 590
146 − 99

c)
130 − 80
250 + 250
770 − 360
420 + 190
960 − 160

3 Rechne schriftlich!

a)
213 + 481
364 + 417
87 + 609
273 + 158
567 + 229

b)
319 − 108
543 − 423
761 − 343
820 − 276
935 − 736

c)
820 − 259
746 − 399
305 − 118
624 − 417
708 − 409

Ich trage eine Aufgabe als Beispiel ein.

4 Ergänzen auf 1000

470

?

Ein Kind nennt eine Zahl.
Ein anderes Kind ergänzt mit einer anderen Zahl auf 1000.

5 Zerlege!

a)

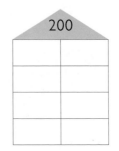

99 | 200 | 400

b) Zerlege in gleich große Summanden:
82, 98, 150, 420, 516, 770, 900!

1
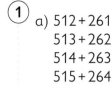

a) 512+261　　b) 124+279　　c) 735−287　　d) 624−356
　 513+262　　　 123+280　　　 736−288　　　 624−355
　 514+263　　　 122+281　　　 737−289　　　 623−355
　 515+264　　　 121+282　　　 738−290　　　 623−354
　 516+265　　　 120+283　　　 739−291　　　 622−354

Rechne mit Pfiff!

2 Ergänze zu Zauberdreiecken!

a) Immer 100

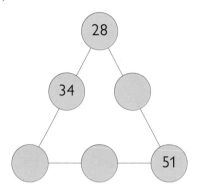

28 · 34 · 51

b) Immer 500

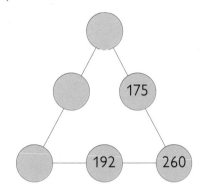

175 · 192 · 260

c) Immer 1000

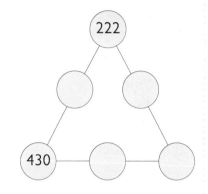

222 · 430

3 a)

179 —+315→ ☐

b)

200 —+149→ ☐ —+238→ ☐ —+213→ 800

☐ —+264→ 830

100 —+372→ ☐ —+195→ ☐ —+☐→ 800

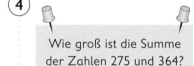

427 —+☐→ 653

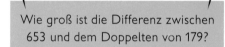

0 —+425→ ☐ —+☐→ ☐ —+☐→ 1000

4

Wie groß ist die Summe der Zahlen 275 und 364?

Wie groß ist die Differenz zwischen 768 und 389?

Wie groß ist die Differenz zwischen 653 und dem Doppelten von 179?

5 Lies, stelle Fragen und antworte!

a)

Im Sportverein turnen 120 Kinder, weitere 55 Kinder schwimmen und 152 andere Kinder betreiben Leichtathletik.

b)

Auf einem Schulkonzert spielten Kinder der 1. Grundschule vor 275 begeisterten Zuschauern. Zu einem 2. Konzert kamen noch 84 Besucher mehr als beim 1. Mal.

Multiplizieren und Dividieren

1

H	Z	E
•	• • •	• • •
	• •	• •

3H	1Z	2E

a) Wie heißt jede Zahl?

b) Gib das Doppelte (das Dreifache, das Hundertfache) jeder Zahl an!

c) Gib die Hälfte (den 3. Teil) jeder Zahl an!

 d) Rechne   5 · 7   60 · 8   120 · 0   48 : 6   500 : 5   280 : 7   180 : 9
   im Kopf!   30 · 4   8 · 60   330 · 2   72 : 9   240 : 3   60 : 6   50 : 10

2 a) Multipliziere!

315 · 3	73 · 8	3 · 271	9 · 87	6 · 77
112 · 5	145 · 6	4 · 197	7 · 129	8 · 93
143 · 7	92 · 9	5 · 168	4 · 236	7 · 36
208 · 4	439 · 2	6 · 85	5 · 194	3 · 309

(L) 252, 462, 510, 560, 584, 744, 783, 788, 813, 828, 832,
    840, 870, 878, 903, 927, 944, 945, 970, 1001

Timo trägt in sein
Merkbüchlein ein:

```
2 7 1 · 3
    8 1 3

1 8 6 : 3
1 8 0 : 3 = 6 0
    6 : 3 =   2
   6 0 + 2 = 6 2
```

b) Dividiere!

186 : 3	535 : 5	924 : 6	783 : 9	832 : 4
492 : 4	657 : 9	756 : 7	498 : 6	895 : 5
872 : 8	315 : 7	963 : 3	936 : 8	968 : 8
518 : 2	772 : 4	605 : 5	813 : 3	441 : 9

(L) 45, 49, 62, 73, 83, 87, 107, 108, 109, 117, 121, 121, 123,
    154, 179, 193, 208, 259, 271, 321

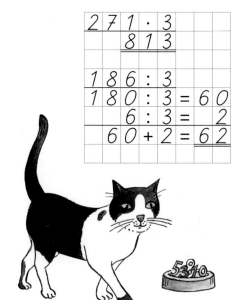

3 Zerlege in Faktoren!

a) 80 = ☐ · ☐   b) 36 = ☐ · ☐   c) 49 = ☐ · ☐   d) 23 = ☐ · ☐
   800 = ☐ · ☐   360 = ☐ · ☐   490 = ☐ · ☐   230 = ☐ · ☐

e) Zu welcher Zahl findest du die meisten Zerlegungen?

4 <, > oder =?

a) 83 · 8 ◯ 700   b) 720 : 10 ◯ 70   c) 4 · 28 ◯ 28 · 4   d) 515 : 5 ◯ 5 · 103
   50 · 7 ◯ 350   125 : 5 ◯ 25   65 · 3 ◯ 65 · 5   603 : 3 ◯ 600 · 3
   69 · 5 ◯ 355   444 : 2 ◯ 220   70 · 6 ◯ 60 · 7   120 : 4 ◯ 120 · 6

e) Bei welchen Aufgaben konntest du das Zeichen setzen, ohne rechnen zu müssen?

1

a)
5 · 1
5 · 3
5 · 5
5 · 7
5 · 9

b)
3 · 2
3 · 4
3 · 8
3 · 16
3 · 32

c)
0 : 4
20 : 4
40 : 4
60 : 4
80 : 4

d)
2 : 2
4 : 2
8 : 2
16 : 2
32 : 2

e)
55 : 5
66 : 6
77 : 7
88 : 8
99 : 9

Was kannst du entdecken?

2 Multipliziere und dividiere!

a)

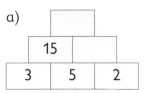
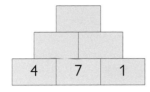
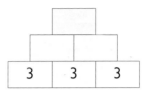
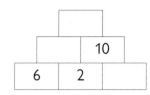

b)

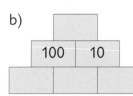
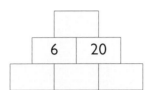
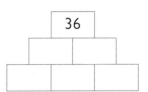
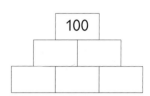

3

a) Berechne das Produkt der Zahlen 50 und 5!

b) Wie groß ist der 4. Teil von 200?

c) Berechne den Quotienten der Zahlen 420 und 7!

d) Verdopple den Vorgänger von 100!

e) Halbiere die Differenz der Zahlen 441 und 399!

f) Multipliziere die Summe aus 18 und 12 mit 9!

4 Weil Maria oft telefoniert, bekommt sie manchmal Ärger mit ihren Eltern. Seit Montag trägt sie nun jedes Telefongespräch in eine Tabelle ein.

a) Wie teuer waren Marias Telefongespräche am Montag?
b) War Marias Ferngespräch vom Dienstag teurer als alle Ortsgespräche des Tages zusammen?
c) Stelle zur Tabelle weitere Fragen, rechne und antworte dann!
d) Schreibe eine Woche lang deine Telefongespräche auf und berechne die Kosten!

Meine Telefongespräche		
Wochen-tage	Ortsgespräche 9–18 Uhr: 3 ct pro min	Ferngespräche 9–18 Uhr: 6 ct pro min
Montag	13:15 Uhr Anne (4 min) 13:24 Uhr Tom (3 min) 16:32 Uhr Jenny (17 min)	17.22 Uhr Omi (12 min)
Dienstag	13:31 Uhr Anne (21 min) 15:58 Uhr Papa (7 min) 17:04 Uhr Sara (8 min)	17.17 Uhr Tante Moni (18 min)
Mittwoch		

Aufgaben mit verschiedenen Rechenarten

1 a)

Lena hat beim Rätselspiel dreimal 20 Punkte und einmal 5 Punkte erreicht.
Tom erhielt viermal 10 Punkte und einmal 5 Punkte.
Kim erhielt fünfmal 5 Punkte und Sven zweimal 20 Punkte und einmal 10 Punkte.
Wie viele Punkte erreichte jedes Kind?

Rechne und ergänze jeweils eine Regel!

b)
$5 \cdot 7 + 13$	$7 + 7 \cdot 61$	$88 : 4 + 269$
$120 : 2 + 44$	$25 - 25 : 5$	$190 - 90 : 3$
$3 + 8 \cdot 30$	$90 : 9 + 78$	$7 + 7 \cdot 61$
$720 : 9 - 71$	$51 + 3 \cdot 13$	$213 \cdot 3 - 89$

Regel:
Punktrechnung geht ...

c)
$9 \cdot (3 + 11)$	$8 \cdot (17 + 3)$	$120 \cdot (10 - 4)$
$66 : (21 - 15)$	$72 : (14 - 8)$	$(390 - 70) : 8$
$(34 - 28) \cdot 7$	$(81 - 36) : 5$	$250 : (11 - 6)$
$(16 + 16) : 4$	$(61 + 19) \cdot 9$	$40 \cdot (13 + 7)$

Regel:
Zuerst rechnet man ...

2 a) Franz kauft 3 Hefte zu jeweils 20 Cent und 2 Bleistifte zu je 50 Cent.
Wie viel Geld muss Franz bezahlen?

b) $5 \cdot 30\,ct + 4 \cdot 15\,ct$
$3 \cdot 80\,ct + 2 \cdot 60\,ct$
$6 \cdot 40\,ct + 3 \cdot 50\,ct$

c) $4 \cdot 5\,€ + 6 \cdot 10\,€$
$3 \cdot 20\,€ + 2 \cdot 50\,€$
$8 \cdot 2\,€ + 7 \cdot 20\,€$

d) $3 \cdot 50\,€ + 6 \cdot 10\,€$
$2 \cdot 100\,€ + 5 \cdot 5\,€$
$7 \cdot 10\,€ + 4 \cdot 20\,€$

3 a) Julia nutzt einen Rechenvorteil:

$3 \cdot 4 + 7 \cdot 4 = $ ☐

b) Nutze auch den Rechenvorteil!

$4 \cdot 11 + 6 \cdot 11$	$13 \cdot 7 - 3 \cdot 7$
$7 \cdot 9 + 3 \cdot 9$	$14 \cdot 3 - 4 \cdot 3$
$12 \cdot 5 + 8 \cdot 5$	$11 \cdot 5 - 6 \cdot 5$
$5 \cdot 13 + 5 \cdot 13$	$16 \cdot 9 - 8 \cdot 9$
$15 \cdot 4 + 5 \cdot 4$	$22 \cdot 4 - 2 \cdot 4$

4 Vergleiche!

a)
$8 \cdot 7 + 4$	◯	$8 \cdot (7 + 4)$
$270 : 9 - 0$	◯	$270 : (9 - 0)$
$(16 + 1) \cdot 8$	◯	$16 + 1 \cdot 8$
$57 - 7 - 5$	◯	$(57 - 7) \cdot 5$
$(3 + 6) + 4$	◯	$3 + 6 \cdot 4$

b)
$150 : 5 + 5$	◯	$150 : (5 + 5)$
$2 \cdot 2 + 9$	◯	$22 - 9$
$3 \cdot 8 - 4$	◯	$38 - 14$
$2 \cdot 2 + 12$	◯	$2 + 2 + 12$
$63 : (7 - 4)$	◯	$63 : 7 - 4$

Gleichungen, Ungleichungen, Rechenrätsel

1 a) Nino probiert: $237 - \boxed{} = 144$

Sina überlegt und rechnet:

Paul nutzt einen Zahlenstrich:

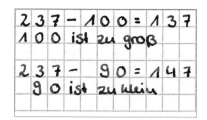

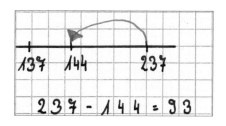

Erkläre die Rechenwege! Wie gehst du vor?

b) $315 + \boxed{} = 411$
$217 + \boxed{} = 500$
$\boxed{} + 821 = 996$
$\boxed{} + 602 = 789$

c) $451 - \boxed{} = 260$
$867 - \boxed{} = 530$
$\boxed{} - 80 = 690$
$\boxed{} - 132 = 471$

d) $15 \cdot \boxed{} = 75$
$21 \cdot \boxed{} = 210$
$\boxed{} \cdot 60 = 300$
$\boxed{} \cdot 80 = 560$

e) $80 : \boxed{} = 20$
$65 : \boxed{} = 13$
$\boxed{} : 10 = 41$
$\boxed{} : 2 = 76$

2 a) Nino probiert: $397 + \boxed{} < 401$

Sina rechnet:

Paul malt Zahlen:

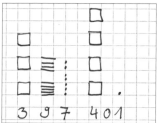

Erkläre, wie die Kinder vorgehen und gib alle Lösungszahlen an!

b) $146 + \boxed{} < 152$
$438 + \boxed{} < 143$
$221 - \boxed{} > 217$
$603 - \boxed{} > 598$

c) $411 > 407 + \boxed{}$
$602 > 599 + \boxed{}$
$378 < 382 - \boxed{}$
$996 < 1000 - \boxed{}$

d) $30 \cdot \boxed{} < 100$
$70 \cdot \boxed{} < 250$
$\boxed{} : 2 > 400$
$\boxed{} : 10 > 60$

e) $3 \cdot 7 + \boxed{} < 25$
$4 \cdot 11 - \boxed{} > 40$
$75 : 5 + \boxed{} < 20$
$36 : 2 - \boxed{} < 15$

3 Wie heißen die Zahlen?

1. Hinweis
Es ist eine ungerade Zahl.

1. Hinweis
Es ist eine dreistellige Zahl.

1. Hinweis
Die Zahl liegt zwischen 200 und 300.

2. Hinweis
Die Zahl liegt zwischen 80 und 100.

2. Hinweis
Es ist eine Hunderterzahl.

2. Hinweis
Die 3 Ziffern sind 3 aufeinanderfolgende Zahlen.

3. Hinweis
Die Zahl besteht aus 2 gleichen Ziffern.

3. Hinweis
Die Zahl ist durch 7 teilbar.

3. Hinweis
Die Zahl ist eine gerade Zahl.

Entdeckungen am Hunderterfeld

1

1	2	3	4	5	6	7	8	9	10
11	12	13	14	15	16	17	18	19	20
21	22	23	24	25	26	27	28	29	30
31	32	33	34	35	36	37	38	39	40
41	42	43	44	45	46	47	48	49	50
51	52	53	54	55	56	57	58	59	60
61	62	63	64	65	66	67	68	69	70
71	72	73	74	75	76	77	78	79	80
81	82	83	84	85	86	87	88	89	90
91	92	93	94	95	96	97	98	99	100

Das Hunderterfeld hast du schon oft genutzt, um Zahlen zu vergleichen, um Beziehungen zwischen Zahlen zu erkennen oder um geschickt zu rechnen. Auch beim Lösen der folgenden Aufgaben kannst du interessante Zahlbeziehungen und Rechentricks entdecken.

a) Addiere alle zehn Zahlen
   – der 1. Zeile,
   – der 2. Zeile,
   – der 3. Zeile,
   – der 10. Zeile!

b) Addiere alle zehn Zahlen
   – der 1. Spalte,
   – der 2. Spalte,
   – der 5. Spalte,
   – der 10. Spalte!

c) Wie groß ist die Differenz zwischen der Summe aller Zahlen der 1. Zeile und der Summe aller Zahlen der 2. Zeile?

2 Richtig oder falsch?

a) Die Summe aller Zahlen der 2. Zeile ist größer als die größte Zahl des Hunderterfeldes.

b) In einer Zeile ist die Summe der geraden Zahlen immer kleiner als die Summe der ungeraden Zahlen.

c) Die Summe aller Zahlen in der 1. Zeile ist durch 10 teilbar.

3

Lisa und Franz haben Teile aus dem Hunderterfeld ausgeschnitten:

1	2
11	12

14	15
24	25

1	2	3
11	12	13
21	22	23

6	7	8
16	17	18
26	27	28

Rechne geschickt!

Berechne für jedes Teil die Summe aller Zahlen!

4

Kim multipliziert „über Kreuz".

1	2
11	12

2	3
12	13

3	4
13	14

$1 \cdot 12 = \square$
$2 \cdot 11 = \square$

$2 \cdot 13 = \square$
$3 \cdot 12 = \square$

$\square \cdot \square = \square$
$\square \cdot \square = \square$

$\square \cdot \square = \square$
$\square \cdot \square = \square$

$\square \cdot \square = \square$
$\square \cdot \square = \square$

Setze so fort und rechne! Was fällt dir auf?

Schulklasse im 18. Jahrhundert

Der kleine Junge hieß
Carl Friedrich Gauß.
Er wurde später ein
berühmter Mathematiker.

① Im Jahre 1784 schritt Lehrer Büttner im Klassenzimmer mit einer Lederpeitsche auf und ab. Er hatte den Kindern der Katharinenschule zu Braunschweig die Aufgabe gestellt, alle Zahlen von 1 bis 100 zu addieren. Angestrengt beugten sich die Kinder über ihre Schiefertafeln und kritzelten Zahl um Zahl. Nur ein kleiner Junge schien kaum etwas zu schreiben. Dann stand er nach wenigen Minuten auf und legte seine Tafel mit dem richtigen Ergebnis dem Lehrer vor.

Welchen Trick wendete der Junge wohl an?

Beim Entdecken des Tricks können dir folgende Hinweise helfen:

Schau dir das Hunderterfeld genau an! Welche Zahlbeziehungen könnten dir beim Rechnen nützlich sein?

Versuche Zahlen immer so geschickt zu addieren, dass du jeweils gleiche Teilsummen erhältst!

Vielleicht hilft dir Lauras Rechentrick (Aufgabe 2).

② Wie groß ist die Summe aller Zahlen von 1 bis 9?

Laura rechnet so:

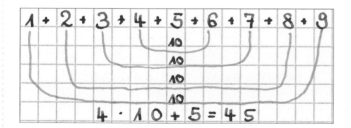

Erkläre Lauras Rechenweg!

③ Wie groß ist die Summe

a) aller Zahlen von 1 bis 20,

b) aller Zahlen von 1 bis 39,

c) aller Zahlen von 1 bis 40,

d) aller Zahlen von 15 bis 39?

Körper, Flächen, Linien

1

a) Nenne Gegenstände, die einen recht-eckigen Schatten werfen können!

b) Welche Körper kann man so hinstellen, dass sie von oben und von vorn gleich aussehen?

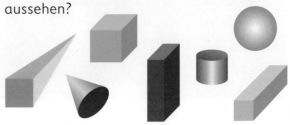

2

a) Leonie will aus gleich großen Würfeln einen Würfel zusammen-bauen, dessen Grundplatte aus 25 Würfeln besteht. Wie viele kleine Würfel braucht sie dafür insgesamt?

b) Setze 27 gleich große Würfel zu einem einzigen Würfel zusammen! Gib Skizzen dafür an, wie dieser Würfel aussieht, wenn du ihn von oben, von vorn und von links betrachtest!

c) Entferne aus deinem Bauwerk den Würfel, der sich oben hinten links befindet! Musst du nun an deinen drei Skizzen etwas ändern? Begründe!

d) Nimm nun weitere Würfel so weg, dass ein Bauwerk mit dem rechts angegebenen Bauplan entsteht!

e) Entferne mehrmals weitere kleine Würfel so aus dem Bauwerk, dass von oben und von vorn jeweils immer noch dreimal drei Würfel zu sehen sind! Zeichne Baupläne davon auf!

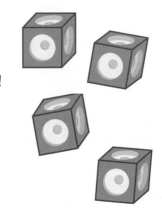

2	1	2
3	3	3
3	3	3

3

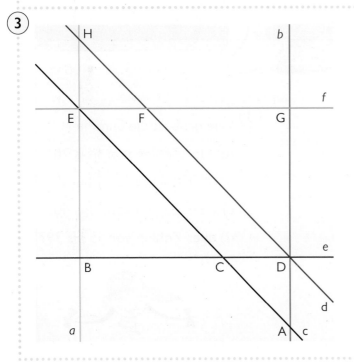

a) Wie viele Geraden und wie viele Schnittpunkte enthält die Figur?

b) Welche Geraden sind zueinander parallel, welche sind senkrecht zueinander?

c) In der Figur sind 6 Dreiecke und 7 Vierecke enthalten. Finde sie und trage sie in eine Tabelle ein:

Dreiecke	Vierecke
ADC	ADFE ...

Benenne die Vierecke, die du kennst!

d) Zeichne die nebenstehende Figur in dein Heft!

e) Zeichne eine Gerade g so dazu, dass 6 weitere Schnittpunkte entstehen!

Wegenetze

1 Beschreibe Wege für Autos von

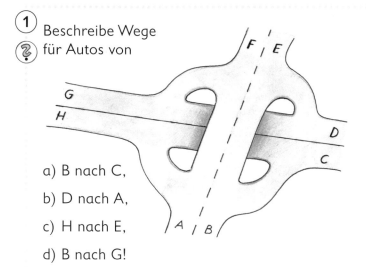

a) B nach C,

b) D nach A,

c) H nach E,

d) B nach G!

2 Familie Meier will mit der Bahn von Berlin nach Leipzig fahren. Hierfür gibt es verschiedene Möglichkeiten.

a) Gib mindestens vier Bahnstrecken von Berlin nach Leipzig an!

b) Wovon kann es abhängen, für welche Strecke Familie Meier die Fahrkarten kauft?

c) Erfrage in einem Reisezentrum den aktuellen Preis für eine Fahrt von Berlin nach Leipzig für 2 Erwachsene und 2 Kinder ohne Bahncard!

d) Vergleiche deine erkundeten Preise mit denen anderer Kinder!

3

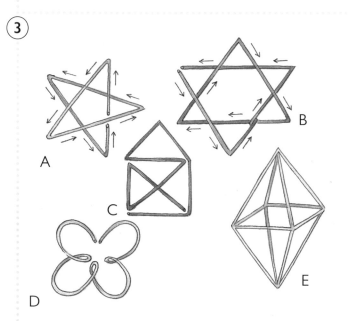

a) Aus einem einzigen Drahtstück kannst du den Stern A biegen.
Nutze als Hilfsmittel die nebenstehende Skizze!

b) Biege nacheinander die Figuren B, C und D aus einem einzigen Drahtstück!

c) Wie viele Drahtstücke brauchst du, um ein Kantenmodell für einen Würfel herzustellen?

d) Biege ein Drahtstück zu einer „Doppelpyramide" (E)!

Wie viele? Welche? Wie oft?

1 Frau Webers Auto hat das Kennzeichen B-KE 361.

a) Wie viele verschiedene Autoschilder gibt es, wenn
– an 1. Stelle immer der Buchstabe B sein soll,
– an 2. oder 3. Stelle K oder E stehen können,
– an den letzten 3 Stellen in beliebiger Reihenfolge die Ziffern 1, 3 oder 6 stehen?

Du kannst probieren, ein Baumdiagramm zu zeichnen oder eine Tabelle anzulegen.

b) Wie viele Autos sind es, wenn zu diesen Buchstaben und Ziffern noch die Ziffer 4 dazukommt?

c) Welches Kennzeichen hat euer Auto?

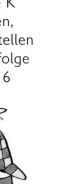

2

a) Paul kann von seinen Freunden Tim, Benni, Robert und Mark zwei Jungen für einen Ausflug mit dem Auto seiner Mutter auswählen.
Welche und wie viele Möglichkeiten hat Paul hierfür?

b) Wie viele Möglichkeiten hat Paul, wenn er sogar drei Freunde einladen kann?

3 Paul und seine Schwester Anna können im Auto ihrer Mutter auf den Plätzen 2, 3, 4 oder 5 sitzen.

Wie oft können die beiden Kinder die Plätze im Auto wechseln, wenn sie immer eine andere Sitzordnung wählen?

W

5 · 70	180 : 90	12 · 4	480 : 16	25 · 5
6 · 90	810 : 9	15 · 3	340 : 17	45 · 4
8 · 40	640 : 80	11 · 4	720 : 18	55 · 3
4 · 60	480 : 8	14 · 5	380 : 19	65 · 2
5 · 50	420 : 70	13 · 2	1000 : 20	75 · 0

Welche Aufgaben fallen dir schwer?

Auf dem Bauernhof

(1) Als Lisa einen Schäfer nach der Zahl seiner Schafe fragt, antwortet der Schäfer: „Wenn ich von meinen Schafen die Hälfte verkaufen würde und von den restlichen Schafen wiederum die Hälfte verkaufen würde, dann hätte ich noch 15 Schafe!" Wie viele Schafe hat der Schäfer?

(2) In einem Stall sind 25 Tiere, und zwar Hühner und Kaninchen. Tim zählt die Beine. Insgesamt sind es 64 Beine. Wie viele Hühner und wie viele Kaninchen könnten im Stall sein?

(3) Auf einem Zaun sitzen 5 Spatzen. Ein Junge verjagt sie. Wie viele Spatzen könnten zwei Jungen verjagen?

Tipps
Wenn du nicht gleich eine Lösungsidee hast, dann kannst du
- probieren
  (setze z. B. eine Lösungszahl ein, rechne und sieh, was passiert!)
oder
- versuchen, dich an eine ähnliche Aufgabe zu erinnern
oder
- eine Skizze, eine Tabelle oder ein Pfeilbild anfertigen
oder
- die Aufgabe in Teilaufgaben zerlegen und zuerst eine Teilaufgabe lösen.

(4) Ist die Birne schwerer als die Tomate?

(5) Axel, Mark, Roman und Tim haben Erdbeeren gesammelt und wiegen nun ihre Körbe. Romans Korb ist leichter als Marks, aber schwerer als Tims Korb. Marks Korb ist leichter als Axels Korb. Ordne die Körbe nach dem Gewicht!

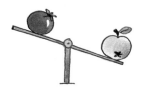

(6) Gärtner Runge legt ein rechteckiges Blumenbeet an. In 6 Reihen will er jeweils 8 Stiefmütterchen pflanzen. Am äußeren Rand will Herr Runge ringsherum blaue Stiefmütterchen pflanzen. Wie viele blaue Stiefmütterchen braucht er dafür?

(7) Mit einem Mähdrescher dauert das Mähen eines Kornfeldes 6 Stunden. Ergänze die Tabelle!

Zahl der Mähdrescher	1	2	4	6
Zeitdauer				

2. Die Zahlen bis 1 000 000

Große Zahlen aus unserer Umwelt

1

Versucht die Zahlen zu nennen und sprecht darüber!

Der älteste Baum der Erde war ein Mammutbaum in Nordamerika. Er soll mindestens 6 200 Jahre alt gewesen sein, als er 1977 umstürzte.

Mehr als 400 000 Tierfreunde haben in diesem Jahr den Rostocker Zoo besucht.

Ein Sperbergeier kann bis zu 11 200 m hoch fliegen.

Lisa Groß
Marcel-Breuer-Ring 3
99085 Erfurt
Tel.: 0361/471524

Dresden hat etwa 485 000 Einwohner.

In Walsrode befindet sich der größte Vogelpark der Welt. Hier leben etwa 5 000 Vögel in einer großen Parklandschaft.

Die „Grüne Woche" in Berlin ist weiterhin eine der attraktivsten Messen in Deutschland. Am Sonntag wurde der 500 000. Besucher begrüßt.

Die längsten Tunnel in Deutschland
Straßentunnel: Elbtunnel in Hamburg mit 2653 m Länge
Eisenbahntunnel: Landrückentunnel bei Fulda mit 10779 m Länge

Das größte Puzzle der Welt besteht aus 187 220 Teilen.

2 Versucht euch einige Zahlen vorzustellen!
Beispiel: Der Elbtunnel in Hamburg ist etwa so lang wie …

 Gestalte ein Blatt mit großen Zahlen aus deiner Umwelt!

Mini-Projekt

Wie viel ist 1 000 000?

1

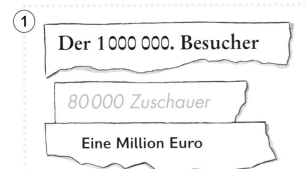

Der 1 000 000. Besucher

80 000 Zuschauer

Eine Million Euro

Große Zahlen können wir uns nur sehr schwer oder gar nicht vorstellen.
Versucht euch zum Beispiel vorzustellen, wie viel 1 000 000 (eine Million) ist!

Kinder der Klasse 4 a hatten dazu folgende Ideen:

Felix:

Wenn ich zur Schule gehe, mache ich etwa 500 Schritte. Wenn ich wieder nach Hause gehe, mache ich noch einmal 500 Schritte. Insgesamt sind das 1 000 Schritte. In zehn Tagen gehe ich dann 10 000 Schritte. In 100 Tagen sind es 100 000 Schritte. In 1 000 Tagen komme ich dann auf 1 000 000 Schritte. Wie viele Schuljahre wären das ungefähr?

Lisa:

Ein Stapel mit 500 Blättern Papier ist etwa 5 cm hoch. Wie hoch ist ein Stapel mit einer Millionen Blättern?

Blätter	Höhe
500	5 cm
1000	10 cm
10 000	100 cm
100 000	
1 000 000	

Anke:

0 1 2 3 4 5 6 7

Wenn ich einen Zahlenstrahl bis 1 000 000 zeichnen müsste und der Abstand zwischen zwei Punkten auf dem Zahlenstrahl wäre immer 1 cm, dann würde ein Zahlenstrahl bis 100 auch 100 cm lang sein.
Also:
Der Zahlenstrahl bis 100 ist 1 m lang,
Der Zahlenstrahl bis 1000 ist 10 m lang,
…
Wie lang würde ein solcher Zahlenstrahl bis 1 000 000 sein?

Sebastian:

Für 1 000 000 Euro könnte man kaufen:

1000 €

1000 Fernseh-geräte zu 1000 €.

10 000 €

100 Autos zu 10 000 €.

Was könnte man noch für 1 000 000 € kaufen?

 Fertigt eine Ausstellung zur Zahl 1 000 000 an!

Von 1 bis 10000

1 Ergänze!

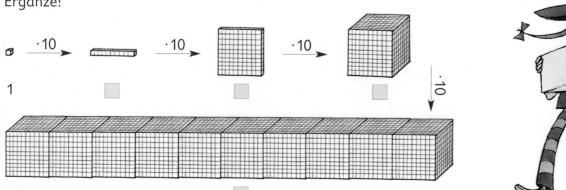

1

2 Welche Zahlen sind es?

a)
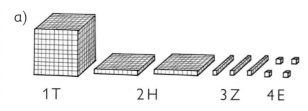

1 T   2 H   3 Z   4 E

c)
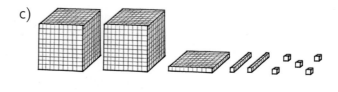

b)
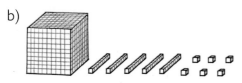

d)
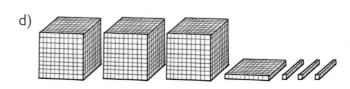

3 a) Stelle jede Zahl als Summe dar!

Beispiel: 4265 = 4000 + 200 + 60 + 5

3876, 8431, 9119, 4250,
7305, 1255, 6004, 7282,
1423, 2338, 5326, 4890

b) Ergänze die Stellentafel im Heft!

T	H	Z	E	Zahl
•• ••	••• •••	•	•••• ••••	
••• •••		• •	•• ••	
• ••		•• •••	•••• •••	

4 a) Welche Zahlen hat Maria markiert?

0   1000   10000

b) Setze so fort!

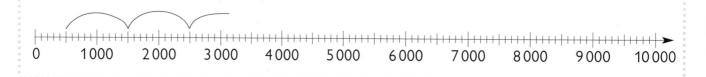

0   1000   2000   3000   4000   5000   6000   7000   8000   9000   10000

Von 10 000 bis 1 000 000

1

a) Wie viele 10 000er-Stangen
   sind eine 100 000er-Platte?

10 000 $\xrightarrow{\cdot\ \square}$ 100 000

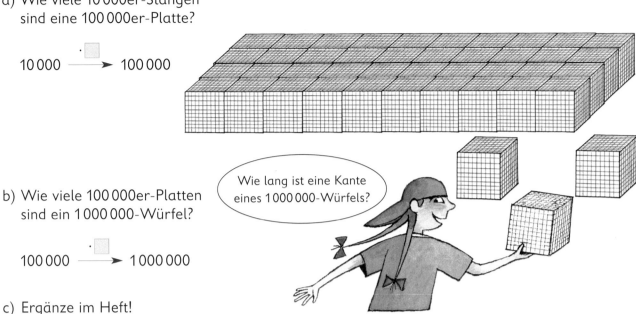

Wie lang ist eine Kante
eines 1 000 000-Würfels?

b) Wie viele 100 000er-Platten
   sind ein 1 000 000-Würfel?

100 000 $\xrightarrow{\cdot\ \square}$ 1 000 000

c) Ergänze im Heft!

$1 \xrightarrow{\cdot 10} \square \xrightarrow{\cdot 10} \square \xrightarrow{\cdot 10} \square \xrightarrow{\cdot 10} \square \xrightarrow{\cdot 10} \square \xrightarrow{\cdot 10} \square$

2 Welche Zahl ist es jeweils?

a) 200 000 + 50 000 + 4 000 + 800 + 60 + 1
   700 000 + 90 000 + 2 000 + 100 + 30 + 4
   900 000 + 60 000 + 8 000 + 200 + 70
   80 000 + 5 000 + 300 + 20 + 2

b) 8 HT + 1 ZT + 2 T + 4 H + 2 Z + 5 E
   4 HT + 6 ZT + 7 T + 9 H + 9 Z + 2 E
   6 HT + 8 ZT
   3 HT + 2 ZT + 4 T + 4 E

3 Ergänze die Stellentafel im Heft!

HT	ZT	T	H	Z	E	Zahl
●●● ●●●	● ●		●● ●●	●● ●●●	● ●	
●●● ●●●●●	●● ●●	● ●●	● ●●	●● ●●●	●●● ●●●●	
	●● ●●	●● ●●●		● ● ●	●	
●	●		●	●●● ●●●		

HT	ZT	T	H	Z	E	Zahl
7	1	5	3	2	5	
	4	3	0	6	7	
8	2	0	0	1	9	
	5	2	6	1	0	

4 Setze immer so fort! Ergänze im Heft!

a) 10 000, 20 000, _____, _____, _____, _____, _____, _____, _____, 100 000

b) 100 000, 200 000, _____, _____, _____, _____, _____, _____, _____, 1000 000

c) 10 500, 20 500, _____, _____, _____, _____, _____, _____, _____, 100 500

d) 100 500, 200 500, _____, _____, _____, _____, _____, _____, _____, 1 000 500

Vielfältiges Darstellen großer Zahlen

1 a) Lies die Zahlen aus dem Buch der Rekorde!

Kannst du einen Rekord verbessern?

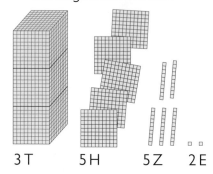

Kniebeugen

Paul Wai man Chung (Taiwan) schaffte 3 552 in einer Stunde.
Hans-Erich Prange aus Ueckermünde schaffte 5 690 in 90 min.

Jonglieren

Paul Sahli (Schweiz) jonglierte einen Ball mit beiden Füßen 10 125-mal.

Liegestütze

Ralf Heck aus Rastatt schaffte 2 332 in 30 min.
Charles Servicio (USA) schaffte 46 001 an einem Tag.
Kim Yang-Ki (Südkorea) machte 2 011 Liegestütze auf Fingerspitzen.
Alan Rumbell (Großbritannien) schaffte 8 151 Liegestütze auf einem Arm.

b) Maria stellt die Zahlen mit Legematerial dar:

3 T   5 H   5 Z   2 E

Tim schreibt die Zahlen als Summen:
$3552 = 3000 + 500 + 50 + 2$

Johanna trägt die Zahlen in eine Stellenwerttafel ein:

Hundert-tausender HT	Zehn-tausender ZT	Tausender T	Hunderter H	Zehner Z	Einer E

Stelle die Zahlen auch wie Maria, Tim und Johanna dar!

---

2 Lies die Zahlen, schreibe sie als Summen und stelle sie auf deinem Zahlenschieber dar!

dreihundertvierzehntausendachthundertzweiundsiebzig
neunhundertdreiundfünfzigtausendvierhundertsechsundvierzig
sechsundachtzigtausendsiebenhundertdreizehn
fünfundachtzigtausenddreihundertdreißig
vierhunderttausendvierhunderteins

---

3 a) Axel stellt Zahlen in einer Stellenwerttafel so dar:

M	HT	ZT	T	H	Z	E
		••	•••	•••••	•	••••
	••••• ••	•••	•	••	••••• •	••••
	•••••		••••• ••••	•••	•	••••• ••
•						

Welche Zahlen sind es?

b) Vivien malt bei Axels 1. Zahl einen Punkt bei den Hundertern dazu. Wie heißt die Zahl?

c) Tim malt bei Axels 2. Zahl einen Punkt dazu. Welche Zahl könnte es sein?

d) Lisa löscht bei Axels 2. Zahl einen Punkt. Welche Zahl könnte es sein?

e) Max malt bei Axels 3. Zahl einen Punkt dazu. Welche Zahl könnte es sein?

1

Julia zählt: 100 000, 200 000, 300 000, …
Stefan zählt: 50 000, 150 000, 250 000, …

Zähle immer so weiter und zeige
die Zahlen auf dem Zahlenstrahl!

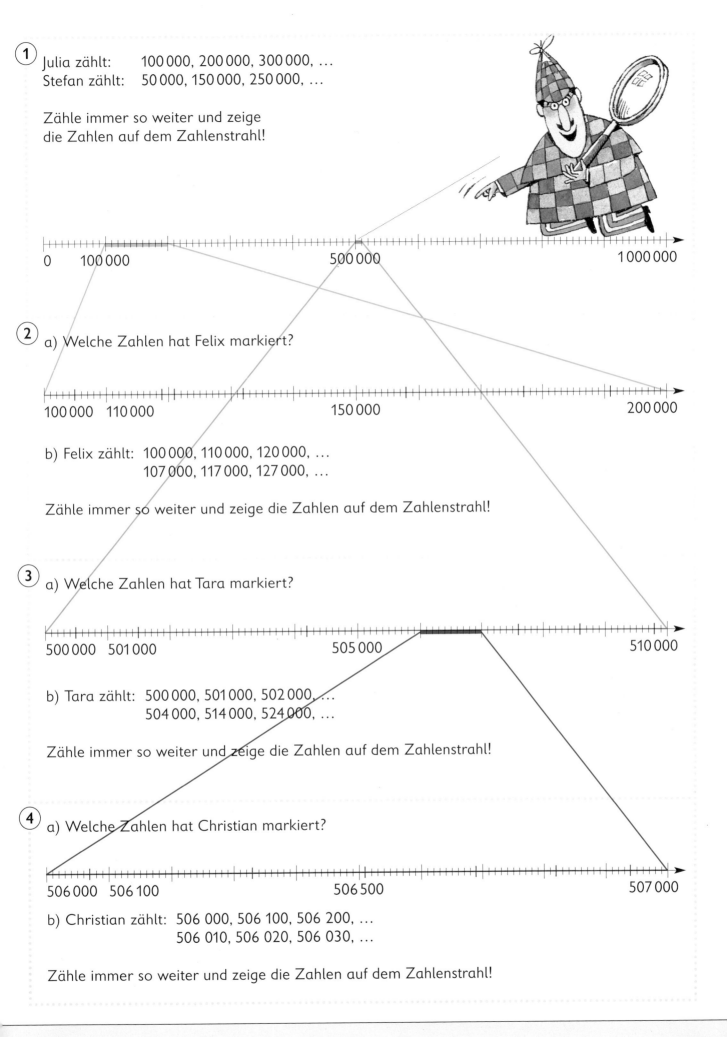

0   100 000   500 000   1 000 000

2 a) Welche Zahlen hat Felix markiert?

100 000   110 000   150 000   200 000

b) Felix zählt: 100 000, 110 000, 120 000, …
107 000, 117 000, 127 000, …

Zähle immer so weiter und zeige die Zahlen auf dem Zahlenstrahl!

3 a) Welche Zahlen hat Tara markiert?

500 000   501 000   505 000   510 000

b) Tara zählt: 500 000, 501 000, 502 000, …
504 000, 514 000, 524 000, …

Zähle immer so weiter und zeige die Zahlen auf dem Zahlenstrahl!

4 a) Welche Zahlen hat Christian markiert?

506 000   506 100   506 500   507 000

b) Christian zählt: 506 000, 506 100, 506 200, …
506 010, 506 020, 506 030, …

Zähle immer so weiter und zeige die Zahlen auf dem Zahlenstrahl!

Vorgänger und Nachfolger einer Zahl

1

Welche Nummer
könnte auf
Lisas Karte
stehen?

2 Nenne immer die vorhergehende und die nachfolgende Kartennummer!

3 Ergänze!

Vorgänger	Zahl	Nachfolger
	24726	
	8341	
	19000	
35428		
82199		
		100000
		97400

4

Ein Kind nennt eine Zahl.
Ein anderes Kind gibt dann den Vorgänger
und den Nachfolger der Zahl an.

5 Aus der Sportgeschichte

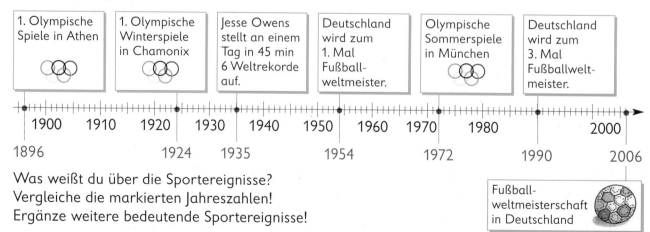

Was weißt du über die Sportereignisse?
Vergleiche die markierten Jahreszahlen!
Ergänze weitere bedeutende Sportereignisse!

Nachbartausender, Nachbarhunderter ...

1 a) Zeige, wo auf dem Zahlenstrahl 4 128, 6 795, 9 217, 9 253 und 10 002 ungefähr liegen!

b) Ergänze im Heft!

Nachbar-tausender	Zahl	Nachbar-tausender
	4 128	
	6 795	
	9 217	
	9 253	
	10 002	

Nachbar-hunderter	Zahl	Nachbar-hunderter
	4 128	
	6 795	
	9 217	
	9 253	
	10 002	

Nachbar-zehner	Zahl	Nachbar-zehner
	4 128	
	6 795	
	9 217	
	9 253	
	10 002	

Was kannst du feststellen?

Wenn Anne sich im Zahlenraum grob orientieren will, zeichnet sie schnell einen Zahlenstrich:

2 a) Auf den Zahlenstrichen hat Anne die Zahlen 8 799, 8 125, 15 306, 15 904, 63 426 und 69 008 dargestellt. Ordne zu!

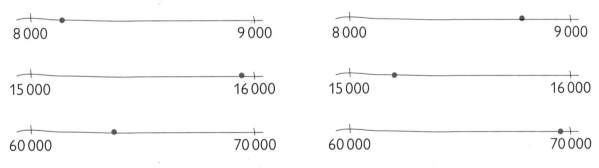

b) Gib jeweils die Nachbarhunderter und Nachbarzehner von Annes Zahlen an!

3 Zeichne Zahlenstriche mit den Zahlen

a)   4 000,   4 513 und   5 000,

b)   6 000,   6 128,   6 794 und   7 000

c) 11 000,   11 869 und   12 000,

d) 17 000,   17 207,   17 902 und   18 000

e) 300 000, 371 820 und 400 000,

f) 500 000, 513 594, 504 089 und 600 000!

Vergleichen und Ordnen der Zahlen bis 1 000 000

1 Die beiden vierten Klassen der Grundschule am Weinberg führten einen Spielnachmittag durch. Die Klasse 4a erreichte 1824 Punkte und die Klasse 4b 2113 Punkte. Welche Klasse erreichte mehr Punkte?

Tina vergleicht die Zahlen mit Hilfe einer Stellenwerttafel:

Lars vergleicht die Zahlen mit Hilfe eines Zahlenstriches:

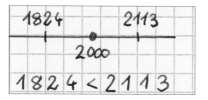

Nele vergleicht beide Tausenderzahlen:

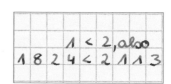

Beschreibe, wie die Kinder vorgehen! Wie würdest du vergleichen?

2 Vergleiche!

a) 9377 ◯ 2650
   426 ◯ 8125
   5137 ◯ 6041
   7265 ◯ 936

b) 17829 ◯ 31422
   55614 ◯ 22904
   64730 ◯ 84730
   29815 ◯ 92815

c) 5721 ◯ 5034
   1943 ◯ 11265
   62505 ◯ 68503
   30147 ◯ 7410

d) 624138 ◯ 7609
   82405 ◯ 111222
   37773 ◯ 40318
   65924 ◯ 95923

e) Sprich mit deinen Mitschülern darüber, welche Zahlen du leicht vergleichen konntest! Versucht gemeinsam, Regeln für das Vergleichen großer Zahlen aufzustellen!

3 a) Welche Zahlen liegen
   – zwischen 14215 und 14222,
   – zwischen 99794 und 99806?

b) Welche geraden Zahlen liegen
   – zwischen 30815 und 30830,
   – zwischen 125790 und 125811?

c) Welche Zehnerzahlen liegen
   – zwischen 5555 und 5599,
   – zwischen 9898 und 10001?

d) Welche ungeraden Zahlen liegen
   – zwischen 68412 und 68420,
   – zwischen 168412 und 168420?

4 a) Vergleiche jeweils beide Entfernungen!

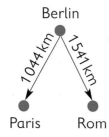

Berlin
1044 km — Paris
1541 km — Rom

Oslo   Helsinki
1158 km   1260 km
Berlin

Leipzig
2290 km — Madrid
1370 km — Rom

Welche Städte kennst du schon?

b) Schätze, wie lange ungefähr eine Autofahrt zwischen jeweils 2 Städten dauern könnte!

1 Ordne die jeweiligen Zahlen- und Größenangaben in den Tabellen!
Sprich über die Angaben mit deinen Mitschülern!

Geburtenzahlen in Deutschland

Jahr	Anzahl der Geburten
1997	711 915
1998	682 172
1999	664 018
2000	655 732
2001	636 448
2002	622 900

Meerestiefen

Calypso-Tiefe (Mittelmeer)	5 121 m
Ostsee	459 m
Planet-Tiefe (Indischer Ozean)	7 455 m
Marianengraben (Pazifischer Ozean)	11 034 m
Meteortiefe (Atlantischer Ozean)	8 264 m

Hohe Berge

Berg	Höhe
Zugspitze (Deutschland)	2 962 m
Montblanc (Frankreich)	4 807 m
Ätna (Italien)	3 340 m
Großglockner (Öster.)	3 797 m
Monte Rosa (Schweiz)	4 634 m

Die längsten Flüsse

Fluss	Länge
Amazonas (Südam.)	6 400 km
Wolga (Europa)	3 530 km
Donau (Europa)	2 850 km
Elbe (Europa)	1 165 km
Nil (Afrika)	6 671 km

Anzahl der Zuschauerplätze in Stadien

Berliner Olympiastadion	76 000
Rostocker Ostseestadion	30 000
Leipziger Zentralstadion	44 345
Erzgebirgsstadion in Aue	20 000
Cottbusser Stadion der Freundschaft	22 450
Arena auf Schalke	61 500

Große Brücken

Name der Brücke	Spannweite
Great Belt East-Brücke (Dänemark)	1 624 m
Humber-Brücke (England)	1 410 m
Jiangrin-Brücke (China)	1 385 m
Akashi-Kaikyo-Brücke (Japan)	1 990 m
Tsing-Ma-Brücke (Hongkong)	1 377 m

2 Welche und wie viele vierstellige Zahlen kannst du aus den jeweiligen Ziffernkarten legen?

a) | 1 | 1 | 1 | 1 |

b) | 3 | 3 | 4 | 4 |

c) | 9 | 9 | 9 | 8 |

d) | 6 | 6 | 5 | 5 |

Ordne die Zahlen immer nach der Größe!

3 a) Wie heißt die größte vierstellige Zahl?

b) Wie heißt die kleinste fünfstellige Zahl?

c) Wie groß ist die Differenz zwischen der größten fünfstelligen und der kleinsten sechsstelligen Zahl?

Schaubilder und Diagramme

1 Die Größe von Zahlen und Zahlbeziehungen kannst du gut auf Schaubildern, auf Streifen- oder Streckendiagrammen erkennen.

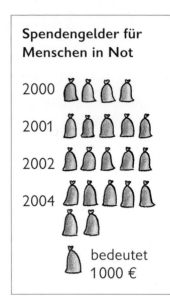

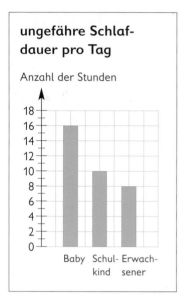

a) Beschreibe, was auf dem Schaubild, auf dem Streifen- und auf dem Streckendiagramm dargestellt ist!

b) Sprecht darüber, was ihr beim Anfertigen eines Schaubildes, eines Streifen- und eines Streckendiagramms beachten müsst!

2 Nele hat mit einem Spielwürfel 30-mal gewürfelt und ihre Ergebnisse in einem Schaubild dargestellt:

Tim hat mit einem Spielwürfel 50-mal gewürfelt und seine Ergebnisse in einem Streifendiagramm dargestellt:

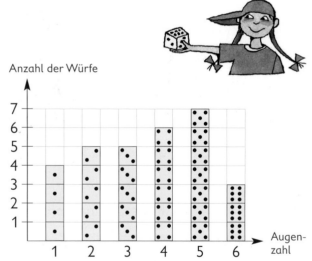

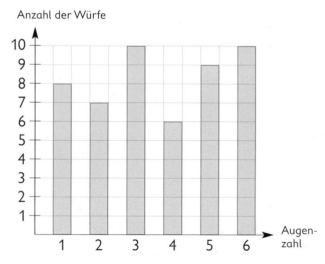

a) Sprecht über die Ergebnisse von Nele und Tim!

b) Würfle mit einem Spielwürfel auch 30-mal und 50-mal und stelle deine Ergebnisse ebenfalls in einem Schaubild und in einem Streifendiagramm dar!
Vergleiche deine Ergebnisse mit den Ergebnissen von Nele, von Tim und von deinen Mitschülern!

1

a) Übertrage das Streckendiagramm in dein Heft und ergänze es durch eine Strecke für deine Klasse!

b) Sprecht über eure Haustiere! Welche Haustiere habt ihr mehrfach, welche nur einmal?

Wie viele Kinder haben ein Haustier?

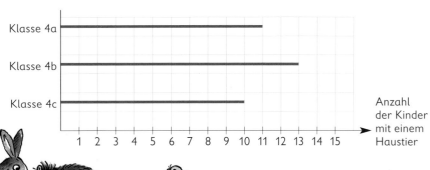

Klasse 4a
Klasse 4b
Klasse 4c

1 2 3 4 5 6 7 8 9 10 11 12 13 14 15

Anzahl der Kinder mit einem Haustier

2

a) Was kannst du aus dem Streifendiagramm ablesen?

b) Übertrage das Streifendiagramm in dein Heft und ergänze es durch jeweils einen Streifen für Mauswiesel (20 cm lang), Hermelin (35 cm lang), Wildkatze (90 cm lang)!

Körperlänge einheimischer Raubtiere
(einschließlich der Schwanzlänge)

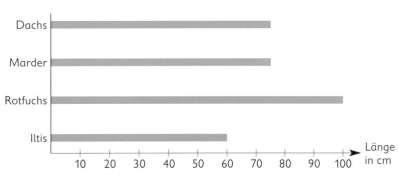

Dachs
Marder
Rotfuchs
Iltis

10 20 30 40 50 60 70 80 90 100

Länge in cm

3

a) Was kannst du aus dem nebenstehenden Streifendiagramm ablesen?

b) Übertrage das Streifendiagramm in dein Heft und ergänze es durch Streifen für Bohnen (1,7 m Wurzeltiefe) und für Weinstock (12 m Wurzeltiefe)!

Wurzeltiefe von Pflanzen

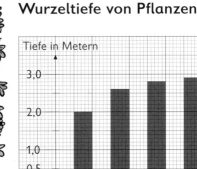

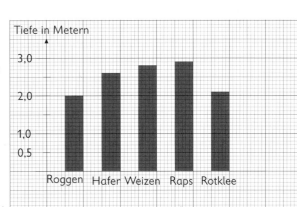

Tiefe in Metern

3,0

2,0

1,0
0,5

Roggen Hafer Weizen Raps Rotklee

4

a) Messt eine Woche lang täglich dreimal zu jeweils gleichen Zeiten (zum Beispiel immer um 7 Uhr, um 15 Uhr und um 18 Uhr) die Außentemperatur!

b) Tragt eure Messergebnisse in eine Tabelle ein und stellt die Ergebnisse in Diagrammen dar! Vergleicht eure Ergebnisse mit denen eurer Mitschüler!

 Sammelt Schaubilder und Diagramme aus Zeitungen und Zeitschriften und stellt eine Ausstellung zusammen!

Näherungswerte

1 a)

Mein Vater gehört zum Vorstand des Sportvereins der Kicker. Er weiß, dass 53 344 Zuschauer Eintritt bezahlt haben.

Sport-Schlagzeilen

Zum Sonnabendspiel der Kicker waren 53 000 Fans gekommen.
Sie sahen ein spannendes Spiel, das 1 : 1 endete.

LOKALES

Das nach dem Fußballspiel erwartete Verkehrschaos blieb aus. Die rund 55 000 Menschen hatten dank einer guten Verkehrslenkung bereits nach nur einer Stunde ohne Probleme den Stadionbereich verlassen.

Was meinst du dazu?

b) Sammle Zeitungsausschnitte, in denen Näherungswerte angegeben sind!

c) Klebe die Zeitungsausschnitte auf und unterstreiche die Näherungswerte!

d) Sprecht darüber, welches jeweils die genauen Zahlenangaben sein könnten!

2 Lara hat durch Schätzen Näherungswerte bestimmt. Beurteile ihre Schätzergebnisse!

a) In meine Federtasche passen ungefähr 40 Schreib- und Farbstifte.

b) Auf einer Seite meines großen Rechenheftes sind über 2 000 Rechenkästchen.

c) In einer kleinen Tüte mit Haselnusskernen sind ungefähr 200 Stück.

d) Die Ziffern 0 bis 9 kommen auf einem Jahreskalender rund 600-mal vor.

e) Wenn ich meinen Radiergummi auf Millimeterpapier lege, verdeckt er angenähert 1200 Millimeterkästchen.

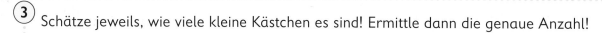

3 Schätze jeweils, wie viele kleine Kästchen es sind! Ermittle dann die genaue Anzahl!

a)

c)

b)

d)

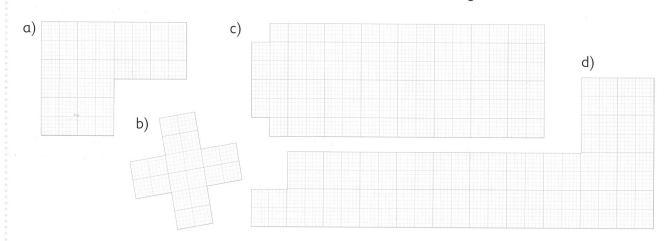

4 Stellt euch gegenseitig Aufgaben zum Schätzen! Wählt dazu Millimeterpapier, Papier mit Rechenkästchen, verpackte Materialien!

Runden

1 Laura und Anna haben im Supermarkt für ihre Familien eingekauft. Auf den Kassenzetteln steht:

bei Laura:

```
Summe EUR 12,40
Sie haben 12 Bonus-
punkte erhalten.
```

bei Anna:

```
Summe EUR 11,70
Sie haben 12 Bonus-
punkte erhalten.
```

Anna freut sich über ihre Bonuspunkte.
Laura sagt: „Das ist ungerecht. Ich habe doch mehr bezahlt."
Was meinst du dazu?

2 Für das Runden von Zahlen gibt es eine eindeutige Rundungsregel:

Bei 1, 2, 3 und 4 runden wir ab, bei 5, 6, 7, 8 und 9 runden wir auf.

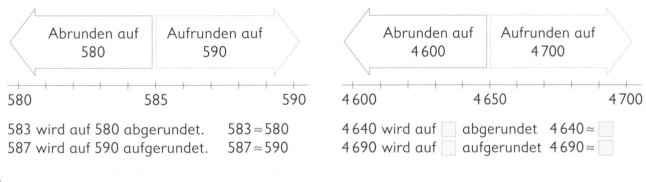

| Abrunden auf 580 | Aufrunden auf 590 | | Abrunden auf 4 600 | Aufrunden auf 4 700 |

580   585   590   4 600   4 650   4 700

583 wird auf 580 abgerundet. $583 \approx 580$
587 wird auf 590 aufgerundet. $587 \approx 590$

4 640 wird auf ☐ abgerundet $4\,640 \approx$ ☐
4 690 wird auf ☐ aufgerundet $4\,690 \approx$ ☐

3 Runde auf Zehnerzahlen!

a) 34	b) 123	c) 1 389	d) 43 436
19	547	2 222	30 003
51	692	9 732	80 999
65	996	9 098	69 996

e) Schreibe alle Zahlen auf, die beim Runden auf Zehnerzahlen 30 (580, 1 000) ergeben!

4

a) Runde auf Hunderterzahlen!

206	2 340	40 081
897	8 196	99 099
999	50 037	12 268

b) Runde auf Tausenderzahlen!

24 730	54 730
51 800	109 820
12 050	920 833

c) Runde 3647 auf eine Zehnerzahl und das Ergebnis auf eine Hunderterzahl! Runde dann 3647 direkt auf eine Hunderterzahl! Was stellst du fest?

5 Runde sinnvoll!

a) Auf der Erde gibt es 1 343 aktive Vulkane.

b) Für einen Umlauf um die Sonne benötigt die Erde 365,24 Tage.

c) Eines der schwersten Hagelkörner wog 1 020 g.

d) Im Jahr 2000 gab es in Deutschland 54 800 000 Telefonanschlüsse und 57 300 000 Mobiltelefone.

Einheiten der Länge

1 a) In welchen Einheiten kann man große Entfernungen messen?

b) Schätzt, wie lang ein Weg sein kann, den ihr in 10 Minuten zurücklegen könnt!

c) Prüft durch Messen nach, wie gut jeder von euch geschätzt hat!
Beschreibt, welche Messgeräte ihr benutzen könnt und wie ihr vorgehen wollt!

2 Ordne zu! Du kannst dazu ein Lexikon oder das Internet nutzen!

Entfernung zwischen Berlin und Athen	Höhe der Zugspitze	Länge der Oder	größte Meerestiefe
11 km	2 513 km	912 km	2,962 km

3 a) Wandle in Meter um!   b) Wandle in Kilometer um!   c) Schreibe mit Komma!

2 km	15 km	5 000 m	3 km 800 m	2 km 725 m	12 064 m
8 km	3 km 250 m	11 000 m	15 km 400 m	4 km 300 m	7 328 m
$\frac{1}{2}$ km	5 km 60 m	800 m	22 km 35 m	6 km 50 m	450 m
	9,750 km	500 m	6 km 2 m	$\frac{3}{4}$ km	2 050 m
$\frac{1}{4}$ km	8,4 km	90 m	7 km 70 m		1 004 m

4 <, > oder =?

a) 1 450 km ◯ 1 540 km
2 637 km ◯ 2 681 km
4 536 km ◯ 4 500 km

b) 23,500 km ◯ 23 km 50 m
26,8 km ◯ 26 km 800 m
15,7 km ◯ 15 km 7 m

c) 8 km 50 m ◯ 8,5 km
0,420 km ◯ 4 200 dm
0,08 km ◯ 8 m

5 Runde sinnvoll!
Nenne jeweils die Stelle, auf die du gerundet hast und begründe deine Entscheidung!

a) Ein Marathonlauf führt über 42,195 km.
b) Die Chinesische Mauer ist 3 460 km lang, 9,80 m breit und zwischen 4,50 m und 12 m hoch.
Zu ihr gehören außerdem 2 860 km Abzweigungen und Ausläufer.
c) Der Erdumfang am Äquator ist 40 075,020 km.

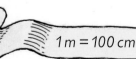

1 m = 100 cm   1 km = 1000 m   1 km = 100 000 cm

1

a) In welcher Einheit würdest du die Länge, die Breite und die Höhe von einem PKW angeben?

b) Schätze die Länge, Breite und Höhe eines PKW! Prüfe dann deine Schätzergebnisse!

c) Stellt in einer Tabelle die Maße verschiedener PKW-Typen zusammen! Bildet dazu Aufgaben und rechnet!

d) Fertige einen Längen-Steckbrief zu eurem Auto an!

2

a) Wandle in Zentimeter um!

20 m	8 m 27 cm
178 m	4 m 61 cm
$\frac{1}{2}$ km	19 m 2 dm
	100 m 8 dm
$\frac{3}{4}$ km	125,55 m

b) Wandle in Meter um!

300 cm	50 dm
800 cm	100 dm
1700 cm	5 dm 8 cm
530 cm	53 dm
460 cm	95 dm

c) Schreibe in 2 Einheiten!

3,85 m	678 cm
1,53 m	805 cm
13,02 m	345 cm
105,50 m	10 101 cm
20,07 m	204 dm

3

a) <, > oder =?

4,28 m ◯ 420 cm	3 m 5 dm ◯ 3,05 m
2,5 m ◯ 25 cm	4 m ◯ 404 cm
0,75 m ◯ 80 cm	8 m 2 cm ◯ 820 cm
2,6 m ◯ 26 dm	1,04 m ◯ 14 dm
$\frac{1}{4}$ m ◯ 2,5 dm	0,5 km ◯ 5000 cm
	60 dm ◯ 0,6 m

b) Rechne! Erfinde zu einer Aufgabe eine Rechengeschichte!

3,45 m + 4,55 m
2,5 dm + 52 cm
7 m 10 cm + 85 cm
9,30 m − 2,12 m
1 m 75 cm − 50 cm

4 Ordne die Tunnel nach ihrer Länge!

- Ärmelkanaltunnel zwischen Frankreich und Großbritannien 35 km

- Zugspitz-Straßentunnel 4 466 m

- Seikan-Eisenbahntunnel in Japan 53,85 km

- U-Bahn-Tunnel der Moskauer Metro 37,9 km

- Simplon II-Eisenbahntunnel in der Schweiz 19,823 km

- Sankt-Gotthard-Straßentunnel in der Schweiz 16 320 m

1 m = 10 dm	*1 dm = 10 cm*	*1 km = 1000 m*	*1 km = 10 000 dm*

Einheiten der Länge

1 Was kann ungefähr so lang, so breit oder so hoch sein?

a) 2,40 m   b) 1 m   c) $\frac{1}{2}$ m

d) 3,2 cm   e) 3,2 dm   f) 25 mm

g) 6 cm   h) 6 mm   i) 5 m

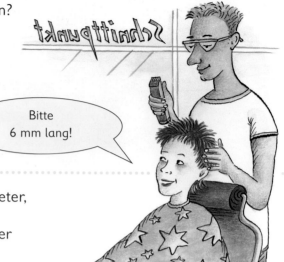

Bitte
6 mm lang!

2 Sammle Größenangaben in Millimeter, die du auf Gegenständen und Verpackungen findest! Schreibe oder klebe Beispiele auf!

54 × 36 mm Rollen

3 a) Schätze, welche Längenangabe zu welcher Strecke gehören könnte!

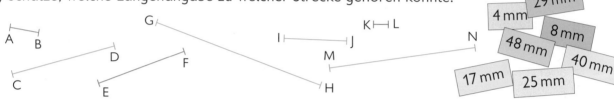

29 mm
4 mm
8 mm
48 mm
40 mm
17 mm   25 mm

b) Miss die Längen der Strecken und vergleiche die Messergebnisse mit deinen Schätzergebnissen!

4 a) Miss die Längen der Seiten!

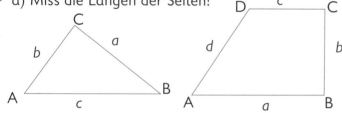

b) Runde die Messergebnisse auf Zentimeter!

c) Versuche beide Figuren in dein Heft zu zeichnen! Miss dann die Seitenlängen und vergleiche!

5 a) Wandle in Millimeter um!

4 cm	$\frac{1}{2}$ cm	$\frac{3}{4}$ m
6 cm	$\frac{1}{2}$ dm	1,5 m
7,5 cm		5 m
2 dm	$\frac{1}{4}$ dm	0,94 m

b) Wandle in Zentimeter um!

60 mm	4 mm	4 dm 5 mm
900 mm	9 mm	13 cm 7 mm
15 mm	33 mm	1 m 80 mm

6 Runde sinnvoll! Gib Vergleiche an!

a) In der Bundesrepublik Deutschland haben Eisenbahnen eine Spurbreite von 1435 mm.

b) Es gibt Modelleisenbahnen mit einer Spurbreite von 16,5 mm.

c) Sputnik I, der erste künstliche Erdsatellit, hatte einen Durchmesser von 58 cm.

d) Forscher haben Kolibris von 57 mm Länge beobachtet.

1 cm = 10 mm   1 dm = 100 mm   1 m = 1000 mm   1 km = 1 000 000 mm

Dualzahlen

1

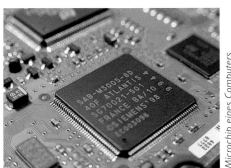

Microchip eines Computers

Ein Computer benutzt beim Speichern und Drucken nur die Zeichen 0 und 1.
Die beiden Zeichen werden durch einen Schalter erzeugt.
1 bedeutet: Schalter an.
0 bedeutet: Schalter aus.
Der Computer kann mit nur diesen beiden Zeichen auch alle Zahlen darstellen. Weil die Zahlen nur aus 2 verschiedenen Zeichen bestehen, heißen sie **Dualzahlen.**

a) Erforscht das System der Dualzahlen!
Ihr braucht hierfür Legematerial und eine besondere Stellentafel:

Einer

Zweier

Vierer

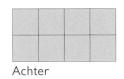
Achter

Sechzehner

S (16er)	A (8er)	V (4er)	Z (2er)	E (1er)

Beachtet:
Beim Darstellen einer Zahl dürft ihr jedes Legeteil nur einmal verwenden.

b) Legt, ergänzt die Stellentafel und schreibt als Dualzahl!
5, 7, 15, 16, 20, 24, 29, 31

c) Ergänzt!

Einer $\xrightarrow{\cdot 2}$ Zweier $\xrightarrow{\cdot \square}$ Vierer $\xrightarrow{\cdot \square}$ Achter $\xrightarrow{\cdot \square}$ Sechzehner

d) Vergleicht unsere Zahlen mit den Dualzahlen!
Nennt Gemeinsamkeiten und Unterschiede!

Beispiele:

a) 6:

Dualzahl: 110

S	A	V	Z	E
		1	1	0

b) 8:

Dualzahl 1000

S	A	V	Z	E
	1	0	0	0

2 Übersetzt!
Nutzt dazu
die Stellentafel!

a) 11, 100,
1100, 1111,
1, 1001, 0

b) 11011, 10001,
10101, 11111,
10011, 11100

3
Ein einziger Schalter eines Computers heißt **Bit,** eine Kombination
aus 8 Schaltern heißt **Byte.**
In den Mikrochips eines Computers befinden sich viele Millionen Schalter.
Ermittle, wie viele verschiedene Zeichenmöglichkeiten schon mit 2, 3 oder
4 Schaltern erzeugt werden können! Nutze dazu eine Tabelle!

Anzahl der Schalter	Zeichenmöglichkeiten	Anzahl der Zeichenmöglichkeiten
1	1, 0	2
2	11, 10, 01, 00	
3	111, …	
4		

Üben von Station zu Station

Station 1 Zahlenschieber

14 706

Ein Kind nennt eine Zahl, ein anderes stellt die Zahl am Zahlenschieber ein.

Station 2 Stellentafel

a) Welche Zahlen hat Lara dargestellt?

HT	ZT	T	H	Z	E
●●	●●●	●	●●	●	●●●●●●
●	●	●●	●●	●	●
●●		●●●	●		●●●

b) Stelle wie Lara dar:
75 123, 8 128, 96 403, 124 312, 98 003, 213 040, 5 005, 17 704 …

Station 3 Würfel kippen

Welche Augenzahl ist oben, wenn du den Würfel

a) einmal nach hinten,

b) einmal nach vorn,

c) einmal nach links,

d) einmal nach rechts,

e) 2-mal nacheinander nach hinten,

f) 3-mal nacheinander nach vorn kippst?

Station 4 Zahlen vergleichen

a) <, > oder =?

12 537 ◯ 102 643   412 205 ◯ 421 700
843 143 ◯ 65 258   23 704 ◯ 32 704
305 281 ◯ 350 821   85 176 ◯ 85 716
71 525 ◯ 75 152   60 024 ◯ 60 240

b) Ordne!

17 250   71 250   12 750

107 250   201 075

Station 5 Runden

a) Runde auf Hunderterzahlen!

4 532, 16 915, 82 650, 951 …

b) Runde auf Meter!

1,71 m   10,81 m   843 cm   2 038 cm

c) Runde sinnvoll!

Im Stadion sind 42 175 Zuschauer.

Das Fußballfeld ist 105,20 m lang und 97,85 m breit.

Station 6 Längen

a) Ordne von kurz nach lang!

1,5 cm

1,5 m   150 mm   0,15 km

b) Gib für jede Längenangabe ein Beispiel aus deiner Schulumgebung an!

c) Erfinde zu 2 Längenangaben eine Rechengeschichte! Schreibe sie auf oder male ein Bild dazu!

Aus der Knobelkiste

1 a) Finde kleine und große Dreiecke, für die die Eckzahlen die Summe 1500 ergeben!
Schreibe die Gleichungen auf!

b) Finde Vierecke, deren Eckzahlen jeweils die gleiche Summe ergeben!
Wie viele verschiedene Summen hast du gefunden?
Schreibe die Gleichungen auf!

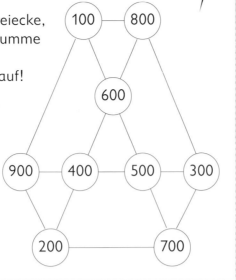

2 Trage die Zahlen 2, 3, 4, 6, 7, 8 und 9 so in die Felder ein, dass waagerecht und senkrecht jeweils die Summe 17 entsteht!

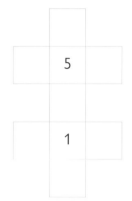

3 Wie viele Tage vergehen vom 07.07.07 bis zum 08.08.08?

4 a) Schreibe alle vierstelligen Zahlen auf, die sich aus den Ziffern 2, 4, 4 und 5 bilden lassen!

b) Unterstreiche die geraden Zahlen rot, die durch 5 teilbaren Zahlen blau!

c) Welche der 12 Zahlen sind durch 4 (durch 8, durch 6) teilbar?
Begründe deine Antwort!

5 Kinder der Klasse 4b haben sich im Sportunterricht in einer Linie aufgestellt.
Max ist der sechste von links und der zehnte von rechts.
Wie viele Kinder haben sich aufgestellt?

6 Stellt euch gegenseitig Aufgaben!
Stoppt jeweils die Zeit, die ihr für das Aufsuchen benötigt!

Wie viele Kreise sind zu sehen?

Wie viele Vierecke findest du?
Wie viele davon sind Quadrate?

Das kann ich schon!

Zählen

29 997 — 29 998 — 29 999 — 30 000 — 30 001 — 30 002

① Zähle:
von 378 995 bis 379 005,
von 639 798 bis 639 807,
von 42 601 bis 42 589!

② Zähle von 356 700 weiter:
– in Tausenderschritten,
– in Hunderterschritten,
– in Zehntausenderschritten!

Zahlen darstellen

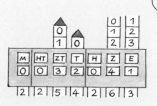

M	HT	ZT	T	H	Z	E
		⠿	⠶		⠿	●
		3	2	0	4	1

32 041 =   3 ZT + 2 T + 0 H + 4 Z + 1 E

③ Lies jede Zahl und stelle sie auf dem Zahlenschieber dar!
Trage sie in eine Stellentafel ein!
Zerlege sie dann!

| 798 046 | 40 852 | 666 333 | 987 654 |

④ Wie heißen diese Zahlen?

7 HT + 3 ZT + 0 T + 6 H + 3 Z + 8 E
5 HT + 6 ZT + 4 T + 0 H + 9 Z + 3 E
8 HT + 0 ZT + 9 T + 5 H + 2 Z + 1 E

Zahlen vergleichen

6 4 1 8 0 7 < 6 4 2 8 0 7
9 8 5 0 1 > 8 9 5 0 1
7 6 0 0 8 8 = 7 6 0 0 8 8

⑤ <, > oder =?

a) 73 873 ◯ 77 838   b) 24 613 € ◯ 2 461 €
38 773 ◯ 73 837   8 778 € ◯ 8 779 €
88 737 ◯ 88 737   73 561 € ◯ 73 651 €

⑥ Bilde aus den Ziffern 2, 4, 6 fünfstellige Zahlen und vergleiche sie!

Nachbarzahlen
angeben

Vorgänger   Nachfolger

349 999 — 350 000 — 350 001
479 698 — 479 699 — 479 700

⑦ a)

Nachbar-tausender	Zahl	Nachbar-tausender
	301 825	
	679 999	
856 000		857 000

b) Nenne von jeder Zahl immer den Vorgänger, den Nachfolger, die Nachbarzehner, die Nachbarhunderter und die Nachbarzehntausender!

Das kann ich schon!

Runden

23 985 €

23 985 € ≈ 24 000 €

Abrunden bei 1, 2, 3, 4	Aufrunden bei 5, 6, 7, 8, 9

⑧ Runde auf:

Welche Stelle ist wichtig?

a) Zehnerzahlen

778	6 846	42 034
352	9 317	98 663

b) Hunderterzahlen

863	5 319	93 570
729	2 894	19 912

c) Tausenderzahlen

4 893	9 999	46 799
6 499	3 016	70 320

Einheiten der Länge

1 mm	1 cm	1 dm	1 m	1 km

```
└─ 10 ─┘└─ 10 ─┘└─ 10 ─┘└─ 1000 ─┘
        └───── 100 ─────┘
```

7 km = 7 000 m	0,7 dm = 7 cm
7 km = 70 000 dm	0,7 m = 70 cm
7 km = 700 000 cm	0,7 km = 700 m

⑨ a) Nenne Beispiele für folgende Längen:

4,7 km	4,7 m	4,7 dm	4,7 cm

b) Gib die Längen in Millimeter an!

⑩ Zeichne ein Quadrat mit einer Seitenlänge von 4,7 cm!

Schaubilder und Diagramme

Sportler der Klasse 4 a

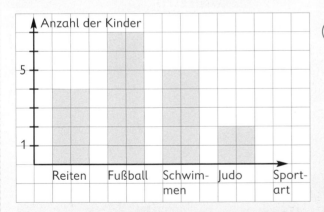

⑪ a) Wie viele Kinder gehen zum Schwimmen?

b) Stelle weitere Fragen! Antworte!

⑫ Fertige zum gleichen Thema ein Diagramm mit Zahlen von deiner Klasse an! Vergleiche mit der Klasse 4 a!

Sachaufgaben

⑬ 12 Rollen Tapete kosten 36 €.
Wie viel Euro kosten 5 Rollen Tapete?

 Schreibe Aufgaben und Regeln, die für dich wichtig sind, in dein Merkbüchlein!

3. Addieren und Subtrahieren bis 1 000 000

Was kann ich schon?

34000 + 4	87600 − 5	
34000 + 40	87600 − 50	
34000 + 400	87600 − 500	
34000 + 4000	87600 − 5000	
34000 + 40000	87600 − 50000	
34000 + 400000	87600 − 500000	

Der erste Summand ist 37 816,
der zweite Summand 550 230.
Berechne die Summe!

Die größte Gewichtszunahme unter den
Säugetieren haben die Jungen des Blauwals.
Bei der Geburt wiegt ein Blauwalbaby etwa 2 t.
Täglich nimmt es rund 100 kg zu.
Nach ungefähr wie vielen Tagen hat sich das
Gewicht eines Blauwal-
jungen verdoppelt?

Am 14. Spieltag der Fußballbundesliga
waren in Rostock 22 200 Zuschauer,
in Berlin 76 000 Zuschauer und
in Kaiserslautern 41 500 Zuschauer im
Stadion.
Wie viele Fußballfans waren insgesamt
bei den 3 Spielen?
Überschlage zuerst!
Dann rechne schriftlich!

$3892 + \square < 4015$
$9999 + \square < 10012$
$5314 - \square > 5296$
$8709 - \square > 8690$
$6418 > 6350 + \square$
$3107 < 3219 - \square$

$26000 + \square = 26400$
$26000 + \square = 26040$
$91300 - \square = 91000$
$91300 - \square = 91003$
$\square - 365 = 6829$
$\square - 871 = 9198$

In Trockengebieten Australiens leben etwa 7 cm kleine Frösche, die in ihrem Körper bis zu 1000 ml Wasser speichern können. Ungefähr wie viele Trinkbecher könnte man mit 1000 ml Wasser füllen?

Der Minuend ist 432 580, der Subtrahend 50 000. Berechne die Differenz!

Formel-1-Rennstrecken

Land	Länge der Strecke
Japan	5,807 km
Brasilien	4,309 km
Italien	5,793 km
China	5,451 km
Ungarn	4,381 km
Belgien	6,973 km

Vergleiche die Längenangaben! Berechne die Unterschiede!

Mündliches und halbschriftliches Addieren und Subtrahieren

1

Im Jahre 2005 waren es 800 Besucher weniger.

Haustiere
Hunde: ≈ 5 000
Katzen: ≈ 3 000

Mitgliedszah-
len in Sport-
vereinen

Besucher im
Heimatmuseum
2004: 9 700

Die Kinder werten Zahlenangaben aus dem statistischen Jahrbuch ihrer Heimatstadt aus.

Wie rechnest du? Schreibe, male oder klebe deinen Rechenweg auf!

a)	b)	c)	d)
5 000 + 3 000	9 700 − 800	60 000 + 30 000	50 000 − 20 000
7 800 + 500	8 000 − 4 000	76 000 + 7 000	43 000 − 8 000
2 300 + 5 900	8 500 − 4 800	27 000 + 63 000	94 000 − 32 000
6 973 + 70	5 000 − 56	18 000 + 29 000	72 000 − 45 000

L 3 700, 4 000, 4 944, 7 043, 8 000, 8 200, 8 300, 8 900, 27 000, 30 000, 35 000, 47 000, 62 000, 83 000, 90 000, 90 000

2 Die Kinder der Klasse 4 b haben so gerechnet:

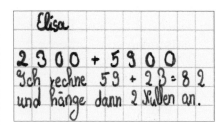

Elisa
2 3 0 0 + 5 9 0 0
Ich rechne 59 + 23 = 82
und hänge dann 2 Nullen an.

Timo
8 5 0 0 − 4 8 0 0
Von 4 8 0 0 bis 5000 sind es 200 und dann noch 3500 bis 8 5 0 0.
Das sind zusammen 3 7 0 0.

Erta
9 7 0 0 − 8 0 0
Ich rechne zuerst 9 7 0 0 − 7 0 0 = 9000 und dann 9000 − 100 = 8 9 0 0

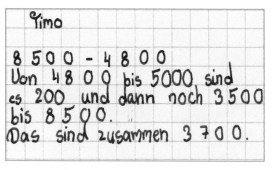

Felix
Ich nehme gleiche Anzahlen von Nullen weg, rechne und hänge sie dann wieder dran.

Sprecht über die verschiedenen Rechenwege!

3 Rechne! Du kannst auch verschiedene Rechenwege probieren.

a)	b)	c)	d)
95 000 + 700	48 100 − 7	360 000 + 50 000	870 000 − 40 000
67 000 + 30	29 200 − 60	425 000 + 230 000	685 000 − 250 000
22 000 + 8	91 700 − 960	575 000 + 350 000	935 000 − 480 000
94 999 + 9	50 000 − 6	337 500 + 70	119 250 − 30
19 960 + 80	70 035 − 80	769 400 + 600	292 200 − 800
39 850 + 500	30 350 − 500	597 600 + 6 000	303 900 − 4 000

L 20 040, 22 008, 29 140, 29 850, 40 350, 48 039, 49 994, 67 030, 69 955, 90 740, 95 008, 95 700, 119 220, 291 400, 299 900, 337 570, 410 000, 455 000, 465 000, 603 600, 655 000, 770 000, 830 000, 925 000

1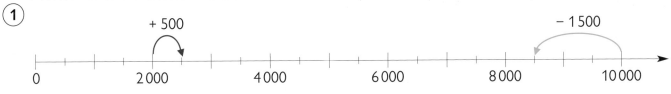

a) 2000 + 500
2000 + 1000
2000 + 3500
2000 + 900

b) 10000 − 1500
10000 − 3000
10000 − 4500
10000 − 6500

c) 4500 + 2500
8000 − 3000
7500 − 6000
1500 + 8500

d) Addiere zur größten vierstelligen Zahl die kleinste dreistellige Zahl!

2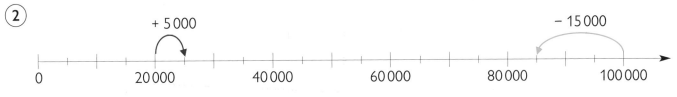

a) 20000 + 5000
20000 + 10000
20000 + 20000
20000 + 35000

b) 100000 − 15000
100000 − 30000
100000 − 45000
100000 − 80000

c) 35000 + 50000
65000 − 25000
40000 − 50000
90000 − 15000

d) Subtrahiere von der kleinsten fünfstelligen Zahl die kleinste vierstellige Zahl!

3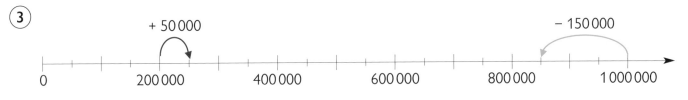

a) 200000 + 50000
200000 + 100000
200000 + 200000
200000 + 350000

b) 1000000 − 150000
1000000 − 300000
1000000 − 450000
1000000 − 800000

c) 500000 + 450000
550000 − 150000
200000 + 650000
800000 − 450000

d) Addiere zur kleinsten sechsstelligen Zahl das Doppelte dieser Zahl!

4

1000		3000		5000		7000		9000
	12000		14000		16000		18000		20000
21000		23000		25000		27000		29000
	32000		34000		36000		38000		40000
41000		43000		45000		47000		49000
	52000		54000		56000		58000		60000
61000		63000		65000		67000		69000
	72000		74000		76000		78000		80000
81000		83000		85000		87000		89000
	92000		94000		96000		98000		100000

a) Schaut euch das Zahlenfeld genau an! Ergänzt! Was könnt ihr entdecken?

b) Felix addiert:

1000 + 2000 = 3000
3000 + 4000 = 7000
5000 + 6000 = 11000

c) Elisa subtrahiert:

100000 − 1000 = ☐
99000 − 2000 = ☐
98000 − 3000 = ☐
Setzt so fort!
Was stellt ihr fest?

d) Addiert und subtrahiert mit vorgegebenen Zahlen!
Was entdeckt ihr?

43

Mündliches und halbschriftliches Addieren und Subtrahieren

1 Rechne! Setze immer so fort! Was stellst du fest?

a) 4 600 + 1 200
4 600 + 2 200
4 600 + 3 200
4 600 + 4 200
⋮

b) 6 400 − 2 300
6 400 − 2 400
6 400 − 2 500
6 400 − 2 600
⋮

c) 39 000 + 27 000
40 000 + 26 000
41 000 + 25 000
42 000 + 24 000
⋮

d) 685 000 − 480 000
690 000 − 485 000
695 000 − 490 000
700 000 − 495 000
⋮

e) Denke dir selbst solche Aufgaben aus und rechne!

2

a) − 60

4 050	
10 820	
1 023	
40 000	
60 048	

b) + 600

499 800	
29 750	
599 800	
42 870	
172 900	

c) + 90

17 990	
6 973	
69 985	
265 971	
4 999	

d) − 700

40 300	
120 400	
390 600	
29 700	
4 050	

3 Wählt immer 2 Zahlen aus und berechnet deren Summe (Differenz)!

a)

188 000 · 788 000 · 76 000 · 295 000 · 3 000 · 58 200 · Wie viele Aufgaben sind das?

b)

502 000 · 42 000 · 301 500 · 20 000 · 2 695 · 5 000

4

Wenn ich von meiner Zahl 4 800 subtrahiere, erhalte ich 562 000. Wie groß ist der Minuend?

Meine Zahl ist um 800 größer als 26 400.

Berechne die Summe zweier aufeinanderfolgender vierstelliger Zahlen!

Berechne die Differenz der Zahlen 23 100 und 5 000!

Verdopple 9 000 und addiere nun 25 000, dann erhältst du meine Zahl.

Denke dir selbst Zahlenrätsel aus! Verwende dein Merkbüchlein!

1 Johannes fand in einem Knobelbuch die berühmte indische Schachaufgabe mit den Weizenkörnern. Diese Geschichte ist über Jahrtausende überliefert und soll sich etwa so zugetragen haben:

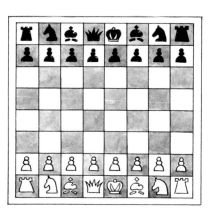

Ein indischer König ließ den Erfinder des Schachspiels zu sich rufen.
Er wollte ihn für seine Erfindung königlich belohnen und forderte ihn auf, einen Wunsch zu äußern.
Dieser sagte:

„Großer König, mein Wunsch ist recht bescheiden.
Ich will in Weizenkörnern belohnt sein. Mir mögen so viele Weizenkörner zukommen, als sich auf den Feldern des Schachbretts ergeben, wenn man auf das erste Feld ein Weizenkorn, auf das zweite

Feld 2 Weizenkörner, auf das dritte Feld 4 Weizenkörner, auf das vierte Feld 8 Weizenkörner und so fort legt.
Die Zahl der Körner soll also auf jedem Feld verdoppelt werden."

Was meinst du, wie hoch wird die Anzahl der Weizenkörner wohl gewesen sein?
Konnte der König diesen Wunsch erfüllen?

2 a) Versuche die Anzahl der Weizenkörner der 1. Schachbrettreihe zu berechnen!
Schätze zuerst! Prüfe dann!
Du kannst folgende Tabelle nutzen.

Feld	1.	2.	3.	4.	5.	6.	7.	8.
Körnerzahl	1	2	4	8				
Körnerzahl insgesamt	1	3	7	15				

b) Rechne nun weiter!
Wie weit schaffst du es, ohne schriftlich zu rechnen?

Schriftliches Addieren bis 1 000 000

1 a) Ohne schriftlich zu rechnen, hat Johannes herausgefunden, dass auf dem 8. Feld des Schachbretts 128 Körner liegen. Insgesamt sind es also schon 255 Körner in der ersten Reihe des Schachbretts.
Nun rechnet Johannes schriftlich weiter:

9. Feld	10. Feld	11. Feld	12. Feld
128	256	512	1024
+128	+256	+512	+1024

Erkläre, wie Johannes rechnet! Rechne ebenso!

b) Rechne aus, wie viele Körner auf dem 13., 14., 15. und 16. Feld liegen!

c) Johannes berechnet nun die Gesamtzahl der Körner bis zum 12. Feld. Erkläre, wie er rechnet!

```
       2 5 5
   +   2 5 6
   +   5 1 2
   + 1 0 2 4
   + 2,0,4,8
     4 0 9 5
```

d) An welchen Stellen kann man vorteilhaft rechnen? Wo können Fehler auftreten?

2 a) Berechne die Anzahl aller Körner bis zum 16. Feld!

b) Schätze, auf welchem Feld die Millionengrenze überschritten wird! Prüfe durch Rechnen!

c) Johannes hat in seinem Buch auch die Summe aller Weizenkörner auf dem Schachbrett gefunden:

Die Gesamtsumme aller Weizenkörner beträgt auf das Korn genau

18 446 744 073 709 551 615

(18 Trillionen,
446 Billiarden,
744 Billionen,
73 Milliarden
709 Millionen
551 Tausend 615).

Für diese Menge braucht man einen Kornspeicher mit folgenden Maßen:

Länge: 10 km
Breite: 4 km
Höhe: 300 000 000 km

Wie stellst du dir diese Maße vor?

Ob der König diese Menge an Korn aufbringen konnte?

1 Überschlage zuerst, dann rechne genau und vergleiche!

Beispiel:

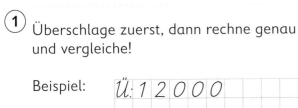

Ü: 12 000

```
    9726
+  2318
  12044
```

V: 12 044 ≈ 12 000

a)
```
   36159
+   3219
```

```
    5021
+  79388
```

```
  441369
+ 209379
```

```
     358
+ 108088
```

b) 42 068 + 13 870
   333 + 79 962
   582 671 + 978
   7 605 + 10 860
   73 488 + 54 704

c) 12 375 € + 39 019 €
   982 m + 12 707 m
   5 673 kg + 327 kg
   699 l + 47 420 l
   60 891 km + 39 109 km

2 Wähle zwei Zahlen immer so aus, dass deren Summe zwischen 200 000 und 300 000 liegt! Wie viele solcher Zahlenpaare findest du?

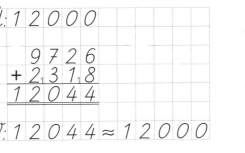

268 071 31 198 98 713 59 187 591 876 5 122 200 000

3 Überschlage zuerst, dann rechne genau und vergleiche!
An welchen Stellen kannst du vorteilhaft rechnen?

a)
```
     768
+   1976
+    249
+   2681
```

b)
```
  134042
+  72186
+   9884
+    176
```

c)
```
   56812
+ 704806
+   6008
+  15374
```

d)
```
      12
+    877
+   8903
+  27637
```

e)
```
  315816
+   7931
+  42826
+ 117816
```

L: 5 674, 37 429, 216 288, 484 389, 783 000

4 Löse die Zahlenrätsel! Schreibe wichtige Begriffe in dein Merkbüchlein!

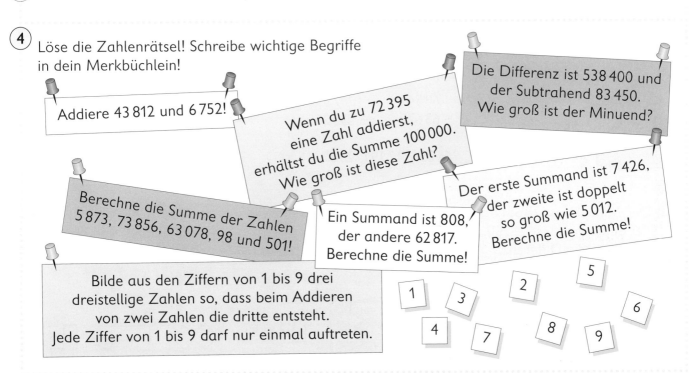

Addiere 43 812 und 6 752!

Wenn du zu 72 395 eine Zahl addierst, erhältst du die Summe 100 000. Wie groß ist diese Zahl?

Die Differenz ist 538 400 und der Subtrahend 83 450. Wie groß ist der Minuend?

Berechne die Summe der Zahlen 5 873, 73 856, 63 078, 98 und 501!

Ein Summand ist 808, der andere 62 817. Berechne die Summe!

Der erste Summand ist 7 426, der zweite ist doppelt so groß wie 5 012. Berechne die Summe!

Bilde aus den Ziffern von 1 bis 9 drei dreistellige Zahlen so, dass beim Addieren von zwei Zahlen die dritte entsteht. Jede Ziffer von 1 bis 9 darf nur einmal auftreten.

1 3 2 5 4 7 8 9 6

Schriftliches Subtrahieren bis 1 000 000

1

Meine sportlichen Ziele in diesem Jahr

Ich fahre sehr gern mit meinem neuen Rad. Das Tachometer zeigt, dass ich schon 26 570 m gefahren bin.
In diesem Jahr will ich noch auf 55 555 m kommen.
Ben

Ich bin Mitglied im Schwimmverein „Delfin".
Mein Ziel für dieses Jahr: 2500 Bahnen schwimmen. 1385 Bahnen habe ich schon geschafft.
Annelie

Ich bin schon 815 Runden gelaufen.
1500 Runden sind mein Ziel.
Tom

a) Wie viel wollen die Kinder in diesem Jahr noch leisten?
Überschlage zuerst, dann rechne schriftlich!

Ben rechnet:

```
  5 5 5 5 5 m      Ü: 3 0 0 0 0 m
- 2 6 5 7 0 m
                   V:
```

b) Ergänze eine Aufgabe zu deinen sportlichen Zielen!

2

Denke an den Überschlag!

a)
```
  75 693        596 382
- 23 571       -  72 131
```

b)
```
  62 346        200 000
- 38 976       -  67 384
```

```
  63 541         47 396
- 63 620       -  30 205
```

```
  391 023         52 036
- 178 754       -  37 980
```

Ⓛ 14 056, 17 191, 23 370, 52 122, 132 616, 212 269, 524 251, n. l.

3

a) Der Minuend ist 78 651, der Subtrahend ist 21 960. Berechne die Differenz!

b) Ein Summand ist 6 581 und die Summe beträgt 23 247. Wie groß ist der andere Summand?

c) Subtrahiere von 50 000 die Summe der Zahlen 18 040 und 31 960!

Ⓦ Welche Figur wurde wo ausgeschnitten? Prüfe!

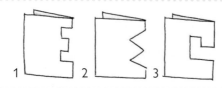

1   2   3

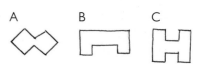

A   B   C

1 Benjamin hat Fehler beim Rechnen gemacht. Finde sie und berichtige!

a)
```
  4328
− 2937
──────
  1411
```

b)
```
  9000
− 4357
──────
  4643
```

c)
```
  8237
−  649
──────
  7588
```

d)
```
  50000
−  6444
───────
  44666
```

e)
```
  309642
− 272088
────────
   37554
```

f)
```
  5038
− 7049
──────
  7989
```

g)
```
  8451
− 6368
──────
  2183
```

h)
```
  7841
−  653
──────
   288
```

i)
```
  10000
−  3333
───────
   6667
```

2 Maria hat Pauls Rechnungen unlesbar gemacht. Finde die unlesbaren Ziffern wieder!

a)
```
  ■■4■4
−  913■
──────
  6■51
```

b)
```
  ■206■
− 18■■5
──────
  2■347
```

c)
```
  8■6■3
− 17581
──────
  ■5■6■
```

d)
```
  ■93■2
− 25■6■
──────
  2■515
```

e)
```
  95■■■
− 1■37■
──────
  ■0610
```

3 a) Schreibe eine beliebige dreistellige Zahl auf!
Beachte folgende Bedingungen:
  − Verwende nicht die Ziffer 0!
  − Du darfst jede Ziffer nur einmal verwenden.
  − Jede Ziffer an der Einerstelle muss um mindestens 2 kleiner sein als die Ziffer an der Hunderterstelle.
Vertausche nun die Einer- und Hunderterstelle und berechne die Differenz der Zahlen!
Vertausche bei der Differenz ebenfalls Hunderter und Einer und addiere beide Zahlen!

Beispiel:
```
   852          594
 − 258        + 495
 ─────        ─────
   594         1089
```

b) Rechne nun mit neuen Zahlen! Was stellst du fest?

4

John sagt:
„Schreibe eine beliebige sechsstellige Zahl auf!
Vertausche nun die Reihenfolge der Ziffern wahllos und bilde so eine neue Zahl. Subtrahiere die kleinere von der größeren Zahl.
Streiche vom Ergebnis irgendeine Ziffer außer 0 weg.
Nenne langsam die verbliebenen Ziffern.
Ich kann sofort angeben, welche Zahl du gestrichen hast!"

Judy schreibt:
```
  783694
− 369487
────────
  414207

  414207
  41▲207
```

John erklärt:
„Deine restlichen Zahlen heißen:
4 − 1 − 2 − 0 − 7.
Die Summe dieser Zahlen ist 14.
Ich suche das nächste Vielfache von 9.
Das ist 18.
18 − 14 = 4."

Probiere den Trick!

Du hast die 4 gestrichen!

Überschlage zuerst, dann rechne schriftlich und vergleiche!

a) 86·9
27·8
79·2

b) 39·7
66·6
54·3

c) 408·3
136·5
580·2

d) 367·2
219·4
199·5

Schriftliches Subtrahieren mit zwei Subtrahenden

1 Für ein Fußballspiel stehen 45 675 Karten zur Verfügung. 14 000 Karten wurden für die Gastmannschaft bereitgehalten. Die Heimmannschaft hat 21 523 Dauerkarten verkauft.
Wie viele Karten können an den Stadionkassen noch verkauft werden?

Rechnung:

45 675 – 14 000 – 21 523

✂ Wie rechnest du? Schreibe, male oder klebe deinen Rechenweg auf!

2 Die Kinder der Klasse 4 b rechneten so:

a) Beschreibe die verschiedenen Rechenwege!

Andreas:

Antwort: Es waren noch 10152 Karten.

Begründung:
```
  14000        45675
+ 21523      – 35523
  35523        10152
```

Susanne:

```
Aufgabe:   45675      ich rechne
         – 14000      5– 0– 3 = 2
         – 21523      7– 0– 2 = 5
           10152      6– 0– 5 = 1
                      5– 4– 1 = 0
                      4– 1– 2 = 1
```

Antwort: 10152 Karten können noch verkauft werden.

Martin:

```
  45675
– 14000
  31675
– 21523
  10152
```

Henni:

```
  45675      31645
– 14000    – 21523
  31675      10152
```

Timi:

```
Aufgabe:   45675    Antwort: Es können noch 10152
         – 14000             Karten an den Stadionkassen
         – 21523             verkauft werden.
           10152
```

Ich rechne so: 3 + 0 = 3 und 3 bis 5 sind 2.
                2 + 0 = 2 und 2 bis 7 sind 5.
                5 + 0 = 5 und 5 bis 6 sind 1.
                1 + 4 = 5 und 5 bis 5 sind 0.
                2 + 1 = 3 und 3 bis 4 sind 1.

                So hab ich mein Ergebnis raus.

b) Welchen Weg findest du vorteilhaft?

1 Subtrahiere! Probiere verschiedene Rechenwege aus!

a) 744 − 221 − 301
589 − 243 − 132
4215 − 1473 − 984

b) 6308 − 476 − 319
8473 − 840 − 236
1599 − 948 − 651

c) 54186 − 14354 − 15221
94343 − 47241 − 36983
39000 − 13332 − 18765

Ⓛ 0, 214, 222, 1758, 5513, 6903, 7397, 10119, 24611

2 Überschlage! Rechne und vergleiche!

847619	921077	728715	90021	517222	614825
− 19847	− 485088	− 79624	− 36777	− 3158	− 50283
− 358716	− 6374	− 344391	− 28795	− 999	− 134790

Ⓛ 24449, 304700, 429615, 429752, 469056, 513065

3 Rechne mit Pfiff!

8624	7509	15305	24326	19372	48392
− 512	− 374	− 2853	− 1465	− 9372	− 9532
− 488	− 626	− 7147	− 8535	− 14638	− 20468

Ⓛ 5305, 6509, 7624, 14326, 18392, n. l.

4 Rechne! Versuche Rechenmuster zu erkennen und anzuwenden!

Was kannst du entdecken?

a)
5555	6666	7777	8888	9999
− 987	− 876	− 765	− ☐	− ☐
− 123	− 234	− 345	− ☐	− ☐
			7778	☐

b)
9000	8000	7000	6000	5000
− 555	− 444	− 333	− ☐	− ☐
− 555	− 666	− ☐	− ☐	− ☐
			4890	☐

c) Denke dir auch solche Aufgaben aus!

5 a) Ich denke mir eine Zahl.
Wenn ich zuerst 12445 zu
meiner Zahl addiere und dann 30420,
erhalte ich 48420.
Wie heißt meine Zahl?

b) Die Differenz zweier Zahlen ist 124560.
Die größere Zahl ist um 13750 kleiner
als 500000.
Wie heißt die kleinere Zahl?
Tipp: Nutze auch dein Merkbüchlein!

a) Berechne im Kopf
– das Fünffache von 15,
– den 9. Teil von 63!

b) 3 · 17   160 : 4
51 · 4   400 : 5
25 · 6   280 : 7

c) 4 · 5 + 6 · 9
34 · 2 − 64 : 8
48 : 8 − 24 : 6

Gleichungen und Ungleichungen

1 Löst die Gleichungen und Ungleichungen! Sprecht über eure Lösungswege!

a) $3659 + 247 = \square$

$8847 + \square = 8946$

$\square + 5267 = 5333$

$7836 - 442 = \square$

$9877 - \square = 9647$

$\square - 6381 = 7456$

b) $4589 + \square < 4602$

$\square + 3997 < 4004$

$6666 > 6657 + \square$

$7008 - \square > 6998$

$52505 - \square > 52496$

$60000 < 60010 - \square$

c) Welche Gemeinsamkeiten und welche Unterschiede könnt ihr zwischen Gleichungen und Ungleichungen feststellen?

2

Für einen Platzhalter kann man auch einen Buchstaben schreiben.

Das muss ich mir merken!

$535 + \square = 576$
$535 + b = 576$
$b = 41$

$328 + \square < 333$
$328 + e < 333$
$e = 0, 1, 2, 3, 4$

a) $2282 + 518 = a$

$4769 + b = 4831$

$c + 5267 = 5333$

b) $8857 - 130 = x$

$6133 - y = 6034$

$z - 666 = 7055$

c) $3826 + k = 9999$

$21347 - l = 12536$

$m - 394 = 8298$

3 a) Gib für jede Ungleichung die kleinste und die größte Lösungszahl an!

$3136 + f < 3240$
$15252 + g < 16352$

$4601 - h > 2796$
$32791 - i > 19791$

$15243 > 8689 + k$
$7605 < 11212 - l$

b) Welche Vielfachen von 10 000 erfüllen die Ungleichungen?

$40000 + a < 90000$
$80000 - b < 60000$

$20000 > c - 30000$
$100000 - d > 20000$

$20000 + e < 70000$
$30000 + f > 50000$

4 Hier bedeuten gleiche Buchstaben auch gleiche Zahlen.

a) $x + 826 = 3000$

$3159 - y = 3000$

$x + y = 2333$

b) $7 \cdot x = 77$

$y : 9 = 17$

$x + y = 164$

5 Nun steht ein Buchstabe für eine Grundziffer. Gleiche Buchstaben sind gleiche Grundziffern.

a	b		t
2	4		

1

a) $\boxed{a}\,\boxed{b} + \boxed{b}\,\boxed{a} = \boxed{8}\,\boxed{8}$

b) $\boxed{a}\,\boxed{b} - \boxed{b}\,\boxed{a} = \boxed{}\,\boxed{9}$

c) $\boxed{t} \cdot \boxed{s}\,\boxed{e}\,\boxed{e} = \boxed{t}\,\boxed{e}\,\boxed{e}$

 Stelle auch solche Aufgaben wie in **4** und **5** zusammen.

Aufgaben in Tabellenform

1 a)

a	a + 368
799	
3632	
	495
	6201
	12000

Auch in Tabellen gibt es Buchstaben!

b)

b	b − 429
4890	
	6429
50000	
	2876
13206	

c)

x	y	x + y
7358	6942	
19234	8387	
35681		40000
	16427	22622
		9999

2 a)

r	90	900	9000	90000
r − 47				

b)

s	33	568	777	23888
s + 68				

c)

a	b	a + b	b + a	a − b	b − a
231	456				
312			888		
	144			670	
738					

3

a	b	c	a + b	b + c	(a + b) + c	a + (b + c)
678	219	456				
345	347			1200		
	480		600	1000		
340	600					1500

Vergleiche die Ergebnisse! Was stellst du fest?

4 Bea hat in der Bäckerei Friese erkundet, wie viele Brote, Brötchen und Kuchenstücke in einer Woche gebacken werden.

Wochentag	Anzahl der Brötchen
Montag	2 600
Dienstag	2 900
Mittwoch	2 600
Donnerstag	2 900
Freitag	3 300
Sonnabend	3 300

a) Erläutere Beas Tabelle!

b) Tjark erklärt Beas Tabelle:
„Dienstag und Donnerstag werden immer 2 900 Brötchen gebacken. Montag und Mittwoch sind es jeweils 300 Brötchen weniger als am Dienstag. Aber am Freitag und am Sonnabend sind es immer 700 Brötchen mehr als dienstags. Insgesamt werden in einer Woche ungefähr 14 000 Brötchen gebacken."
Was sagst du dazu?

c) Stelle zu Beas Tabelle Aufgaben und rechne!

d) Sammle selbst Zahlenangaben zu einer Bäckerei!
Lege Tabellen an und rechne!

Mini-Projekt

Tiere und Pflanzen des Waldes

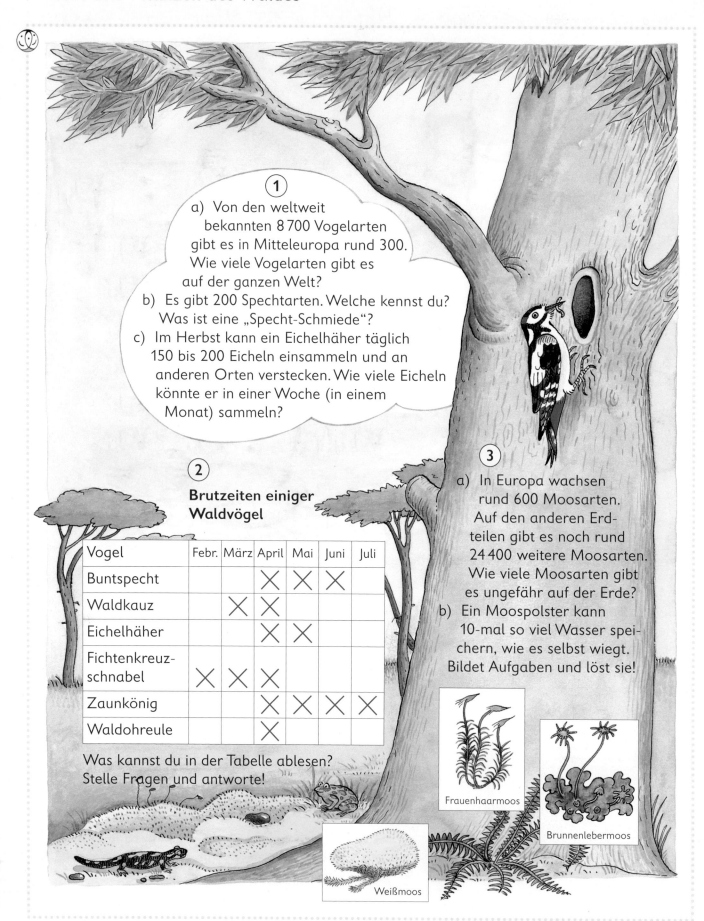

1

a) Von den weltweit bekannten 8 700 Vogelarten gibt es in Mitteleuropa rund 300. Wie viele Vogelarten gibt es auf der ganzen Welt?

b) Es gibt 200 Spechtarten. Welche kennst du? Was ist eine „Specht-Schmiede"?

c) Im Herbst kann ein Eichelhäher täglich 150 bis 200 Eicheln einsammeln und an anderen Orten verstecken. Wie viele Eicheln könnte er in einer Woche (in einem Monat) sammeln?

2

Brutzeiten einiger Waldvögel

Vogel	Febr.	März	April	Mai	Juni	Juli
Buntspecht			X	X	X	
Waldkauz		X	X			
Eichelhäher			X	X		
Fichtenkreuz-schnabel	X	X	X			
Zaunkönig			X	X	X	X
Waldohreule			X			

Was kannst du in der Tabelle ablesen? Stelle Fragen und antworte!

3

a) In Europa wachsen rund 600 Moosarten. Auf den anderen Erdteilen gibt es noch rund 24 400 weitere Moosarten. Wie viele Moosarten gibt es ungefähr auf der Erde?

b) Ein Moospolster kann 10-mal so viel Wasser speichern, wie es selbst wiegt. Bildet Aufgaben und löst sie!

Frauenhaarmoos

Brunnenlebermoos

Weißmoos

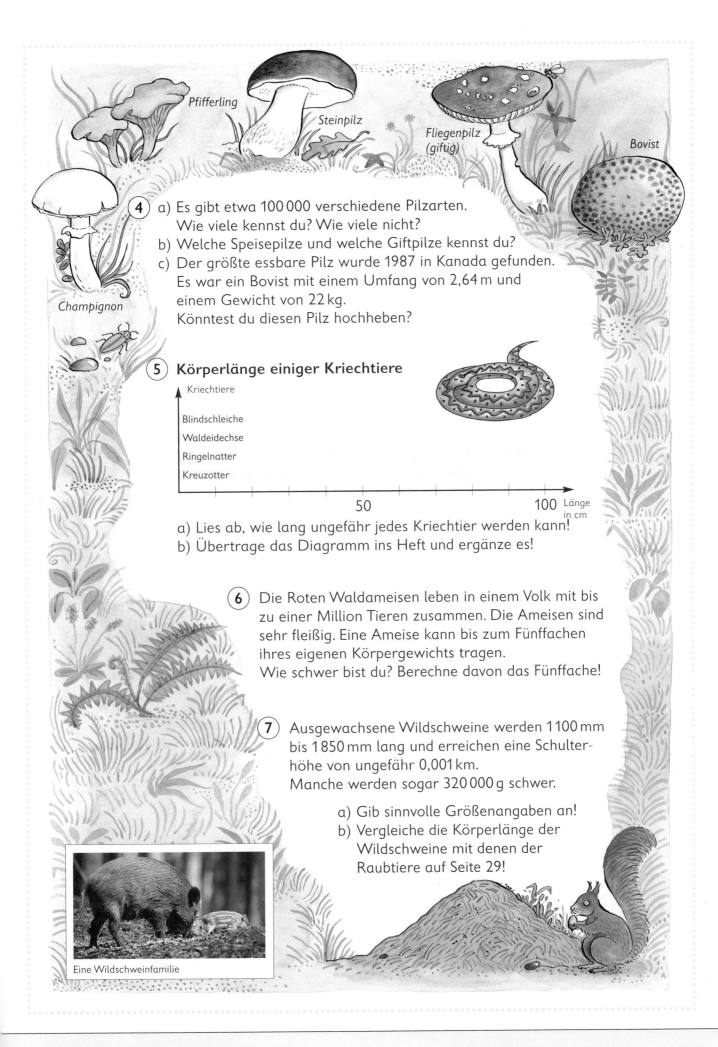

Pfifferling

Steinpilz

Fliegenpilz
(giftig)

Bovist

Champignon

4 a) Es gibt etwa 100 000 verschiedene Pilzarten.
Wie viele kennst du? Wie viele nicht?

b) Welche Speisepilze und welche Giftpilze kennst du?

c) Der größte essbare Pilz wurde 1987 in Kanada gefunden.
Es war ein Bovist mit einem Umfang von 2,64 m und
einem Gewicht von 22 kg.
Könntest du diesen Pilz hochheben?

5 **Körperlänge einiger Kriechtiere**

Kriechtiere

Blindschleiche

Waldeidechse

Ringelnatter

Kreuzotter

50   100 Länge
in cm

a) Lies ab, wie lang ungefähr jedes Kriechtier werden kann!

b) Übertrage das Diagramm ins Heft und ergänze es!

6 Die Roten Waldameisen leben in einem Volk mit bis
zu einer Million Tieren zusammen. Die Ameisen sind
sehr fleißig. Eine Ameise kann bis zum Fünffachen
ihres eigenen Körpergewichts tragen.
Wie schwer bist du? Berechne davon das Fünffache!

7 Ausgewachsene Wildschweine werden 1100 mm
bis 1850 mm lang und erreichen eine Schulter-
höhe von ungefähr 0,001 km.
Manche werden sogar 320 000 g schwer.

a) Gib sinnvolle Größenangaben an!

b) Vergleiche die Körperlänge der
Wildschweine mit denen der
Raubtiere auf Seite 29!

Eine Wildschweinfamilie

Einheiten der Masse/des Gewichtes

1

a) In unserer Klasse ist am Ende des Schul-
jahres die jüngste Schülerin 120 Monate alt.
Der größte Schüler ist 1,56 m groß.
Der leichteste Schüler hat ein Gewicht von
27 kg 500 g. Dem schwersten Schüler fehlen
noch 3 000 g bis 50 kg.
Das längste Haar einer Schülerin ist 0,75 m
lang.
Vergleicht die Angaben mit Messwerten
eurer Klasse!

b) Schätze ab, wie viele Kinder insgesamt etwa
so schwer wie 500 kg sind!

2 a) Elisa hat eine Strichliste angefertigt:

Gewicht	Anzahl der Kinder aus der Klasse 4b
etwa 30 kg	⁄⁄⁄⁄ ⁄⁄
etwa 35 kg	⁄⁄⁄⁄
etwa 40 kg	⁄⁄⁄⁄ ⁄⁄⁄⁄ ⁄⁄
etwa 50 kg	⁄

Erkläre die Strichliste!

c) Wie viel Kilogramm fehlen noch bis zu einer Tonne, wenn
alle Kinder der Klasse auf einer Waage stehen würden?

d) Wie viele Kinder sind so schwer wie eine Dezitonne?

 Stellt das Gewicht der Kinder eurer Klasse fest!
Schreibt die Angaben in eine Tabelle!
Findet dazu Aufgaben und löst diese!

b) Berechne, wie schwer ungefähr alle Kinder
der Klasse 4b zusammen sind!

1000 kg = 1 t (Tonne)

1 t   = 10 dt (Dezitonnen)

Wie viel
Kilogramm sind eine
Dezitonne?

3 Wo triffst du auf solche Angaben? Was sagen sie dir?

VESTNER AUFZÜGE
Fabr.Nr. 8016 – Baujahr 1998
1350 kg – 18 Pers.

Schröder Fahrzeug-Technik Wiesmoor
e . 1 . -
W09AXC218WWS27363
18.000 Kg
1. 9.000 Kg
2. 9.000 Kg

1

$5000\,kg = 50\,dt = 5\,t$ $\quad$ $5500\,kg = 5\,t\ 500\,kg$ $\quad$ $500\,kg = 0,5\quad t$

$5050\,kg = 5\,t\ \ 50\,kg$ $\quad$ $550\,kg = 0,55\ t$

$5005\,kg = 5\,t\quad 5\,kg$ $\quad$ $505\,kg = 0,505\,t$

Auto	Kühlschrank	Koffer	Straßenbahn
1015 kg	40 kg	20 kg	49 440 kg

Sessel	Fernseher	Stuhl	Flugzeug
19 kg	15 kg	6 kg	3 629 dt

Fahrrad	Lokomotive	LKW	Bus
10 kg	81 000 kg	3 420 kg	110 dt

a) Gib alle Größenangaben in Tonnen an!
b) Ordne alle Größenangaben!
c) Ergänze jede Größenangabe auf die nächste volle Tonne!

Beispiel:
$1015\,kg + \boxed{}\,kg = 2\,t$

2 Ergänze!

8 635 kg	8,635 t	8 t 635 kg
3 512 kg		
6 058 kg		
4 204 kg		
440 kg		
9 006 kg		

3 Runde!

?

a) auf volle Kilogramm

4,723 kg
6,002 kg
3,014 kg
10,4 kg
0,620 kg

b) auf volle Tonnen

8,620 t
0,310 t
7,825 t
4,3 t
5,004 t

4 Ordne den Tieren ein passendes Körpergewicht zu! Nutze dazu ein Lexikon! Wenn du richtig ordnest, erhältst du ein Lösungswort!

Elefant
Riesenkänguru
Eisbär
Tiger
Weißer Hai
Blauwal
Nilkrokodil
Flusspferd

3 t	K

20 dt	P

350 kg	E

750 kg	R

230 kg	R

55 kg	I

100 t	A

4 t	T

5

1 g — 1 kg — 1 dt — 1 t
$\quad$ 1000 $\quad$ 100 $\quad$ 10
$\qquad$ 1000
$\longrightarrow$:
• $\longleftarrow$

Wandle um!

a) in Tonnen	b) in Kilogramm		c) in Gramm
4 000 kg	7 t	3,8 t	2 kg
700 kg	0,2 t	4,7 t	10,3 kg
19 000 kg	1,3 t	10 dt	0,9 kg
250 dt	5 dt	0,1 t	2 dt

Sachaufgaben: Nachrichten aus einer Getreidemühle

1

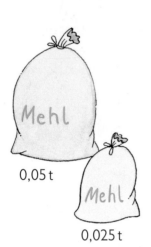

0,05 t

0,025 t

Schüttmühle Berlin

Mit einem LKW und einem Hänger können 25 000 kg und nur auf einem Hänger können 15 000 kg Mehl transportiert werden.

In einer Minute werden 72 Tüten Mehl abgepackt.

In einen Tankwagen werden 80 t Mehl in einer Stunde verladen.

Tagesleistung der Schüttmühle:
4 000 t Weizenmehl,
1 000 t Roggenmehl

a) Wie viel Kilogramm Mehl werden an einem Tag gemahlen?
b) Wie viele Tüten Mehl werden in einer Viertelstunde abgepackt?
c) Wie viel Kilogramm sind das? Rechne in Tonnen um!
d) Wie viel Tonnen Mehl transportiert nur ein LKW?
e) Wie viel Kilogramm Mehl passen insgesamt in die beiden Säcke?
f) Wie viel Tonnen Mehl können in 8 Stunden in Tankwagen verladen werden?
g) Erfinde weitere Aufgaben aus der Getreidemühle!

Wie viel Pfund sind ein Kilogramm?

2 Das superlange Brandenburgbrot

Im Land Brandenburg wurde im Sommer 1999 das bis dahin längste Brot von 1 377 m Länge gebacken. Das Riesenbrot bestand aus 6 885 Brotlaiben, die alle zusammengeklebt wurden. Für den Teig des Riesenbrotes wurden 1 090,5 kg Weizenmehl, 2 544,4 kg Roggenmehl, 2 761 l Wasser, 72,3 kg Salz und 72,3 kg Hefe benötigt. Der Teig des langen Brotes war vor dem Backen etwa 6 500 kg und danach noch etwa 5 100 kg schwer.

a) Wie viele Tüten Weizenmehl und wie viele Tüten Roggenmehl müsste man dafür im Supermarkt kaufen?
b) Überprüfe, wie viel Gramm Salz in einer Packung enthalten ist!
   Wie viele solche Packungen müsstest du etwa für das Riesenbrot kaufen?
c) Wie viele Eimer Wasser mussten die Bäcker in den Brotteig gießen?

d) Benni liest auf der Hefepackung in Mutters Kühlschrank: „Nettogewicht 70 g". Er möchte gern wissen, wie viele solcher Packungen für das superlange Brot etwa notwendig sind.
e) Weshalb ist das Brot nach dem Backen leichter?
   Berechne den Backverlust!
f) Finde weitere Brotaufgaben!

Suche in der Zeitung oder im Guinnessbuch der Rekorde auch nach einem Rekord! Stelle dazu Aufgaben und löse sie!

Rauminhalte

1. Wie viel Wasser ist in jedem Messbecher?

$1\,l = \boxed{}\,ml$ $\frac{1}{2}\,l = \boxed{}\,ml$ $\frac{1}{4}\,l = \boxed{}\,ml$ $\frac{3}{4}\,l = \boxed{}\,ml$

Wie viel Milliliter passen auf einen Teelöffel?

1 Liter = 1000 Milliliter
1 l   = 1000 ml

2.

a) Erkunde zu Hause, welche Gefäße 300 ml, 200 ml, 100 ml, 150 ml, 75 ml, 50 ml und 10 ml fassen!

b) Berechne den gesamten Inhalt aller deiner Gefäße, die du zusammengetragen hast!

c) Berechne, wie viel Milliliter noch bis zum nächsten vollen Liter fehlen!

d) Miss mit einem Messbecher die angegebenen Mengen auf deinen Gefäßen mit Wasser ab!

3.

a) Was sagst du dazu?

	hat ein Gewicht von
1 l Wasser	1000 g
1 l Gold	19 000 g
1 l Luft	1 g

b) Messt, wie schwer
– 1 l Sand,
– 1 l Erbsen,
– 1 l Mehl und
– 1 l Zucker sind!

c) Fertigt mit einem Glas einen eigenen Messbecher an! Erkundet weiter! Sprecht über eure Beobachtungen!

Wusstest du schon, dass ein Kind täglich 1,7 bis 2,2 Liter Flüssigkeit braucht?

4.

Antonia hat eine Woche lang jeden Tag ihre Getränkemenge gemessen und ein Diagramm gezeichnet.

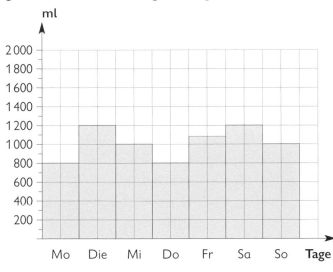

a) An welchem Tag hat Antonia am meisten getrunken? Gib die Flüssigkeitsmenge in Liter an!

b) Berechne, wie viel sie in dieser Woche insgesamt getrunken hat!

c) Wandle die Gesamtmenge in Liter um!

d) Berechne Antonias ungefähre Trinkmenge für einen Monat! Wie viel Eimer Getränke wären das?

e) Zeichne ein Diagramm von deiner Trinkmenge!

Rauminhalte

1 a) Vergleiche!

2,5 l ◯ 2500 ml	
1,024 l ◯ 830 ml	
0,405 l ◯ 450 ml	
8,004 l ◯ 9000 ml	
5,2 l ◯ 52 ml	

b) Ordne! Beginne mit der kleinsten Angabe!

39 l	4 600 ml
61500 ml	216 l
19,080 l	198 ml
1908 ml	1,908 l
3 900 ml	2,16 l

c) Ordne! Beginne mit der größten Angabe!

1,5 l	2 060 ml
2040 ml	16,4 l
0,035 l	350 ml
48 l	4801 ml
198 ml	2,005 l

2 Wandle um und ergänze!

a)

19 kg 123 g	19 123 g	19,123 kg
5 kg 210 g		
9 kg 804 g		
1 kg 400 g		
621 g		

b)

24 l 311 ml	24,311 l	24 311 ml
7 l 300 ml		
4 l 80 ml		
175 ml		
18 l 2 ml		

3 Lars hilft seinen Eltern sehr oft beim Gießen der Blumen auf dem Balkon und in den Pflanzschalen im Garten.
Dabei stellt er fest, dass die Blumen viel Wasser und Dünger benötigen.
Hierzu legt er eine Tabelle an.

Eimer	Dünger	Gesamt-menge
1	40 ml	10,040 l
2		
4		

Eimer	Dünger	Gesamt-menge
5		
8		
10		

a) Hilf Lars beim Vervollständigen der Tabelle!
b) Schätze ab, wie viel Eimer Wasser Lars mit einem Liter Düngemittel zubereiten kann!
c) Gib die Angabe in Liter an!

Sprecht darüber, warum die richtige Mischung wichtig ist!

4

Nahrungsmittel enthalten oft viel Wasser.
So beträgt der Wassergehalt
von 100 g Gurke 96 ml,
von 100 g Apfel 84 ml und
von 100 g Weizenbrot 46 ml.

a) Wandle alle Größenangaben in Liter um!
b) Wie viel Milliliter fehlen bei jeder Angabe bis zu einem halben Liter?
c) Tobias aß gestern 200 g Gurke, 100 g Äpfel und 200 g Weizenbrot.
Er trank einen halben Liter Saft und einen halben Liter Tee. Hat er genügend Flüssigkeit zu sich genommen?

d) Wäge 300 g Gurke ab!
Gieße in einen Becher so viel Wasser, wie in einer Gurke enthalten ist. Was stellst du fest?

Sachaufgaben: Unser kostbares Wasser

1 Ungefährer Wasserverbrauch in Deutschland je Einwohner und Tag

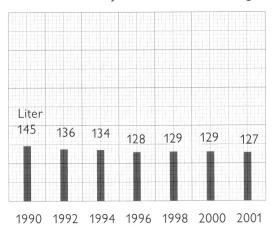

Liter						
145	136	134	128	129	129	127
1990	1992	1994	1996	1998	2000	2001

Ungefähre Wasserverwendung pro Person an einem Tag in Deutschland

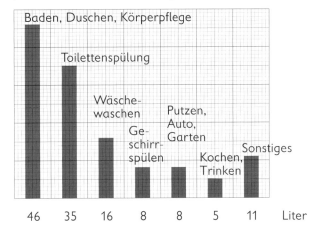

Baden, Duschen, Körperpflege	Toilettenspülung	Wäsche-waschen	Ge-schirr-spülen	Putzen, Auto, Garten	Kochen, Trinken	Sonstiges	
46	35	16	8	8	5	11	Liter

a) Vergleiche den Wasserverbrauch eines Einwohners in Deutschland von 1990 bis 2001!

b) Welcher Unterschied besteht im Wasserverbrauch zwischen den Jahren 1990 und 2001?

c) Berechne, wie viel Liter Wasser eine Person in Deutschland etwa in drei Tagen verbraucht!

2

In einem afrikanischen Land beträgt der tägliche Wasserverbrauch pro Person bis zu 5 Liter.
Oft muss dieses Wasser von Frauen oder Kindern mit einem auf dem Kopf getragenen 15-Liter-Eimer von einem Brunnen oder einem Fluss geholt werden.
Nicht selten ist der Weg dorthin sehr weit.

a) Berechne, wie viel Liter Wasser ein Einwohner Afrikas etwa in einem Jahr verbraucht!

b) Wie lange würde ein Einwohner in Afrika ungefähr mit 128 l Wasser auskommen?

c) Für ein Vollbad braucht Marc etwa 180 l Wasser. Wie oft müsste dafür eine Afrikanerin zum Brunnen laufen?

3 Jenny beobachtet in ihrer Familie, wie oft in einer Woche das Geschirr mit der Geschirrspülmaschine gereinigt wird.
Zur Familie gehören Jenny, ihre große Schwester und ihr Vater.

Jenny schreibt auf:

> Montag: 55 l
> Mittwoch: 55 l
> Freitag: 55 l

a) Wie viel Liter Wasser braucht Jennys Familie in einer Woche zum Geschirrspülen?

b) Aus einem Diagramm der Aufgabe 1 kannst du ablesen, wie viel Liter Wasser etwa eine Person an einem Tag zum Geschirrspülen verwendet. Ermittle mit diesem Wert, wie viel Liter Wasser etwa eine dreiköpfige Familie in einer Woche zum Geschirrspülen ohne Maschine verwenden würde!

c) Vergleiche beide berechneten Wassermengen!

Rechnen mit Kommazahlen

1 Marc hat über den Wasserverbrauch in Deutschland und Afrika nachgedacht und gerechnet.
Er stellt fest: Wenn er täglich zweimal duscht, kostet das in einem Jahr 59,72 € Wassergeld.
Wenn er täglich einmal ein Vollbad nähme, würde das jährlich 110,11 € kosten.
Wie viel Euro kostet das tägliche Vollbad mehr als das Duschen?

a) Überschlage und rechne dann genau!
b) Erkläre, wie du gerechnet hast!

Das ist ja ganz schön teuer!

2 In Marcs Klasse rechneten die Kinder so:

Lene:

Ü: 110 € − 60 € = 50 €

```
   1 1 0 1 1 €
 −   5 9 7 2 €
   5 0 3 9 €
```

5039 € = 50,39 €

Findest du deinen Rechenweg wieder?

Adrian: Ü: 100 − 60 = 50

```
   1 1 0,1 1 €
 −    5 9,7 2 €
    5 0,3 9 €
```

Jesse:

Ü: 50 €

110 € − 59 € = 51 €
51 € − 1 € = 50 €
11 € − 72 € = 39 €
50 € + 39 € = 50,39 €

3 Überschlage zuerst, rechne dann genau!

a) 34,90 € + 54,71 €   8,45 € − 6,79 €
   3,18 € + 19,80 €   15,60 € − 11,08 €
   0,99 € + 95,95 €   22,38 € − 5,22 €

b) 314,12 m − 37,58 m   26,300 l − 14,280 l
   64,04 m − 45,95 m   8,517 l − 3,050 l
   199,00 m − 59,99 m   12,690 l − 7,275 l

c) 28,250 l + 5,670 l   9810 t − 99,99 t
   6,915 l + 0,480 l   5900 t + 195,99 t
   10,800 l + 2,735 l   5570 t + 299,95 t

L 1,66; 4,52; 17,16; 22,98; 89,61;
96,94; 5,415; 5,467; 7,395; 12,020;
13,535; 33,920; 18,09; 139,01;
276,54; 5869,95; 6095,99; 9710,01

4 a) Im August 2002 kämpften die Menschen in Deutschland gegen ein Jahrhunderthochwasser an. Am 16. August stieg das Wasser der Elbe in Dresden auf 8,77 m. Normal ist ein Wasserstand von etwa 2 m. Am 17. August stieg das Wasser sogar auf 9,40 m an.
Wie hoch war das Wasser über normal an beiden Tagen gestiegen?

b) 1997 stieg die Oder von ihrem normalen Wasserstand von 2,77 m auf 4,70 m an. Vergleiche mit dem Hochwasser der Elbe von 2002!

1 Wie viel Saft enthalten Früchte?

Im Sommer und im Herbst reifen viele Früchte, deren Säfte gut schmecken und sehr gesund sind.

Erforscht, wie viel Milliliter Saft ihr aus
a) einer Zitrone,
b) einer Apfelsine,
c) einer Kiwi gewinnen könnt!

Viel Saft gibt Kraft!

Schätzt zuerst, dann messt und schreibt eure Ergebnisse in eine Tabelle:

Frucht	Gewicht		Saftmenge	
	geschätzt	gewogen	geschätzt	gemessen

Vergleicht eure Ergebnisse!
Erkundet, wofür einzelne Säfte besonders gut sein können!

2 Die Klasse 4b bereitet ein Sommerfest vor.

a) Maria und Tim knoten aus zwölf 0,6 m langen Girlanden eine Girlandenkette. Wie lang wird die Kette werden?

b) Lea und Ben mixen einen Saftdrink aus 0,6 l Zitronensaft, 0,6 l Himbeersaft, 2,4 l Apfelsaft und 2,4 l Bitter Lemon. Wie viel Liter Saftdrink erhalten sie?

c) Das Gewicht von sehr kleinen Mengen wird oft in Milligramm (mg) angegeben.

$1 g = 1000 mg$ $1 mg = 0,001 g$

Wie viel Milligramm Vitamin C (Eiweiß ...) enthalten 700 ml naturtrüber Apfelsaft?

Apfelsaft
– naturtrüb –
Je 100 ml Saft enthalten
Vitamin C: 5 mg, Zucker: 10,5 g,
Eiweiß: 100 mg, Natrium: 3 mg.

3 Prüfe, wie gut du schon mit Größenangaben rechnen kannst!

a) 0,375 kg + 1,650 kg
1,280 kg + 4,576 kg
2,034 kg + 3,110 kg
4,500 kg + 0,385 kg
3,149 kg + 2,243 kg

b) 2,485 l – 1,236 l
1,890 l – 0,750 l
7,325 l – 2,300 l
9,481 l – 5,150 l
6,500 l – 2,750 l

c) 1,340 km – 0,750 km
2,815 km – 1,365 km
0,925 km – 0,400 km
3,328 km – 2,185 km
5,000 km – 3,500 km

d) 0,67 l + 0,3 l
4,192 kg – 2,5 kg
1,8 kg + 0,75 kg
2,5 l – 0,33 l
3,15 l + 2,75 l

Sachaufgaben: Berlin mit mathematischen Augen gesehen

1 Auf den Fotos siehst du drei berühmte Gebäude in Berlin.

Schloss Charlottenburg

Reichstagsgebäude

Berliner Zeughaus

a) Erkunde, in welchen Stadtteilen oder auf welchen Straßen diese Gebäude zu finden sind!

b) Die drei Gebäude sind nicht nur berühmt, sondern auch sehr groß.
Das Berliner Zeughaus ist 90 m lang und 90 m breit.
Welche Wegstrecke müsstest du zurücklegen, wenn du einmal um das Zeughaus gehen würdest?

c) Das Reichstagsgebäude ist noch 47 m länger und 4 m breiter als das Zeughaus. Berechne die Länge und die Breite des Reichstagsgebäudes!

d) Eine Stadionrunde ist 400 m lang.
Müsstest du mehr als eine Stadionrunde zurücklegen, wenn du einmal um das Reichstagsgebäude gehen würdest?
Schätze zuerst, dann rechne genau!

e) Das Schloss Charlottenburg hat eine Länge von 505 m.
Sein Wahrzeichen ist der fast 50 m hohe Kuppelturm. Berechne die Differenz zwischen der Länge des Reichstags und der Länge des Charlottenburger Schlosses!

2 Martin hat einen Steckbrief von der Siegessäule angefertigt und sich Aufgaben ausgedacht.

a) Wie groß ist der Höhenunterschied zwischen der Spitze und der Aussichtsplattform?

b) Wie viele Stunden ist die Siegessäule an jedem Tag geöffnet?

c) Wie viele Stunden sind das in einer Woche?

Spitzname: Goldelse
Standort: Straße des 17. Juni
erbaut: 1873
Höhe: 69 m
Aussichtsplattform: 48 m
Anzahl der Stufen: 285
Öffnungszeiten:
    Mo: 13 – 18 Uhr
Di – So: 9 – 18 Uhr

Löse Martins Aufgaben!
Bilde selbst weitere Aufgaben und löse sie!

 Erkunde weitere wichtige und interessante Gebäude in Berlin! Finde dazu Aufgaben!

(1) Vergleiche und berechne die Unterschiede!

Berlin	
Einwohner:	etwa 3 386 086
Höchster Punkt:	115 m Müggelberge und Teufelsberg
Nord-Süd-Ausdehnung:	38 km
Ost-West-Ausdehnung:	45 km

Land Brandenburg	
Einwohner:	etwa 2 590 000
Höchster Punkt:	202,5 m Heideberg bei Elsterwerda
Nord-Süd-Ausdehnung:	291 km
Ost-West-Ausdehnung:	244 km

(2) a) In Berlin gibt es 979 Brücken. Das sind 569 mehr als die für Brücken berühmte Stadt Venedig hat. Aber es sind auch 1493 Brücken weniger als Europas brückenreichste Stadt Hamburg hat. Wie viele Brücken hat Venedig und wie viele Brücken gibt es in Hamburg?

b) Vergleiche die Maße besonders bekannter Berliner Brücken und berechne die Unterschiede!

Oberbaumbrücke

Erbaut: 1894 – 1896

Länge: 150 m
Höhe: 4 m
Breite: 28 m

Moltkebrücke

Erbaut: 1888 – 1891

Länge: 92,0 m
Höhe: 5,1 m
Breite: 26,7 m

c) Zeichne zu den Anzahlen der Brücken in den einzelnen Stadtbezirken ein Diagramm!

Bezirk	Anzahl der Brücken
Tempelhof-Schöneberg	54
Neukölln	57
Treptow-Köpenick	115
Marzahn-Hellersdorf	55
Lichtenberg	21
Reinickendorf	89

Bezirk	Anzahl der Brücken
Mitte	138
Friedrichshain-Kreuzberg	38
Pankow	113
Charlottenburg-Wilmersdorf	130
Spandau	69
Steglitz-Zehlendorf	100

(3) Um die Sehenswürdigkeiten in Berlin zu besuchen, kamen bis September 2004 etwa 608 200 Gäste in die Hauptstadt. Das waren etwa 124 680 Gäste mehr als ein Jahr zuvor.
Wie viele Besucher kamen etwa bis September 2003 nach Berlin?

Körper

1 Was meinst du dazu?

2 a) Sammelt Gegenstände und Verpackungen verschiedener Form! Baut eine Körperausstellung auf!

b) Sortiert würfelförmige und quaderförmige Verpackungen aus!

c) Zählt jeweils die Ecken, Flächen und Kanten eurer aussortierten Verpackungen! Was stellt ihr fest?

d) Vergleicht Würfel und Quader nach der Form ihrer Begrenzungsflächen! Begründet, warum jeder Würfel auch ein Quader ist!

$8 \cdot 2 \cdot 5$	$3 \cdot 9 \cdot 2$	$15 \cdot 2 + 6$	$4 \cdot 11 + 6$	$10 \cdot 8 + 20$
$7 \cdot 10 \cdot 4$	$8 \cdot 0 \cdot 7$	$15 \cdot (2 + 6)$	$4 \cdot (11 + 6)$	$10 \cdot (8 + 20)$
$4 \cdot 5 \cdot 3$	$10 \cdot 1 \cdot 9$	$15 \cdot (6 + 2)$	$4 \cdot (11 - 6)$	$10 \cdot (20 + 8)$

Körper und Flächen

1 a) Beschreibe die dargestellten Körper! Welche Begrenzungsflächen haben sie?

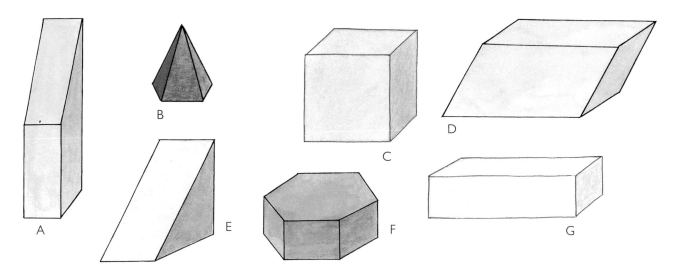

b) Forme solche Gegenstände aus Knetmasse!

c) Welche der sieben Körper haben als Begrenzungsflächen nur Rechtecke?
Begründe deine Antwort!

d) Ermittle von jedem dargestellten Körper die Anzahl der Ecken, die Anzahl der Flächen und
die Anzahl der Kanten! Trage die Ergebnisse in eine solche Tabelle ein:

	A	B	C	D	E	F	G
Anzahl der Ecken							
Anzahl der Flächen							
Anzahl der Kanten							

e) Bei welchem der sieben Körper ist die Anzahl der Ecken gleich der Anzahl der Flächen?
Zeichne freihand einen weiteren Körper mit dieser Eigenschaft!

f) Addiere jeweils die Anzahl der Ecken und die Anzahl der Flächen! Vergleiche die erhaltene
Summe mit der entsprechenden Anzahl der Kanten! Was stellst du fest?

g) Überprüfe dein in Aufgabe f) erhaltenes Ergebnis an weiteren Körpern!

2 Kann das stimmen?

Ansichten

1 Theresa und Julius haben 75 gleich große Würfel zum Bauen.
Jede Kante der Würfel ist 3 cm lang.

a) Als erstes wollen Theresa und Julius einen hohen „Würfelturm" bauen.
Sie legen dazu immer jeden Würfel genau über den anderen.
Wie hoch könnte der Turm werden?
Woran kann ihr Vorhaben scheitern?

b) Julius behauptet, dass der gebaute Würfelturm ein Quader ist.
Hat er Recht? Begründe!

2 Nun wollen Theresa und Julius Quader bauen, die von oben so aussehen:

a) Wie viele Würfel brauchen sie zum Bauen?
Gib mehrere Möglichkeiten an!

b) Probiere es nun selbst aus!

3 a) Baue nach diesen Bauplänen:

1	2	3	4	5	6	5	4	3	2	1

3	3	3
3	3	3
3	3	3

3	3	3	3	3
3	1	1	1	3
3	1	1	1	3
3	1	1	1	3
3	3	3	3	3

			1			
		1	2	1		
	1	2	3	2	1	
1	2	3	4	3	2	1
	1	2	3	2	1	
		1	2	1		
			1			

b) Wie viele Würfel hast du für jedes Bauwerk gebraucht?

c) Wie viele Würfel siehst du von jedem Bauwerk, wenn du es von vorn betrachtest?

d) **Partnerübung: Bauen nach Bauplänen**

Einer von euch entwirft einen Bauplan, der andere setzt Würfel nach diesem Plan zu einem Bauwerk zusammen und gibt dem Bauwerk einen Namen.

1 Julius hat ein Bauwerk zusammengesetzt, das so aussieht:

von oben   von vorn   von rechts

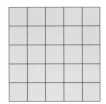

a) Welches Bauwerk könnte das sein?
Begründe deine Antwort!

A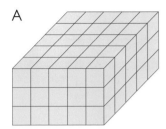

B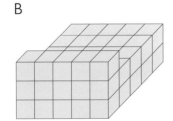

C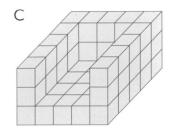

D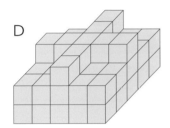

E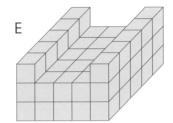

F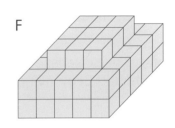

b) Aus wie vielen Würfeln besteht jedes
Bauwerk?

c) Zeichne für jedes Bauwerk einen
Bauplan auf!

2 Theresa hat aus gleich großen Würfeln vier verschiedenartige Quader
zusammengebaut.

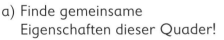
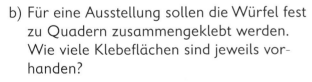

a) Finde gemeinsame
Eigenschaften dieser Quader!

b) Für eine Ausstellung sollen die Würfel fest
zu Quadern zusammengeklebt werden.
Wie viele Klebeflächen sind jeweils vor-
handen?

c) Die sichtbaren Stellen der Quader sollen
gestrichen werden.
Wie viele kleine quadratische Flächen sind
jeweils zu streichen?

3 a) Baue die Figuren nach!

b) Wie viele gleich große Würfel hast
du für jede Figur gebraucht?

c) Bei welchem Würfelbauwerk sind
von oben 8, von vorn 12, von links 4
und von rechts 4 Würfel zu sehen?

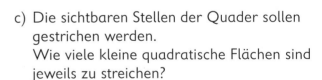
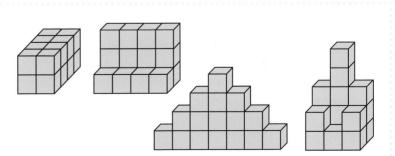

Quader- und Würfelnetze

1

a) Julius hat eine quaderförmige Verpackung auseinandergeschnitten. Beschreibe, wie die Flächen vor dem Zerschneiden angeordnet waren und wie Julius die Verpackung zerschnitten hat!

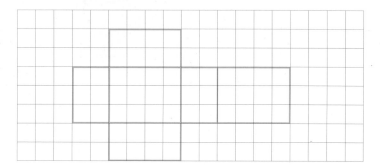

b) Zerschneide selbst eine quaderförmige Verpackung auf diese Weise! Beschreibe dabei, entlang welcher Kanten du schneidest!

c) Zerschneide quaderförmige Verpackungen so, dass andere Quadernetze entstehen! Merke dir immer, entlang wie vieler Kanten du geschnitten hast! Was stellst du fest?

2

Laura behauptet, 8 verschiedene Körpernetze für denselben Quader gezeichnet zu haben. Prüfe, ob sie Recht hat! Begründe deine Antwort!

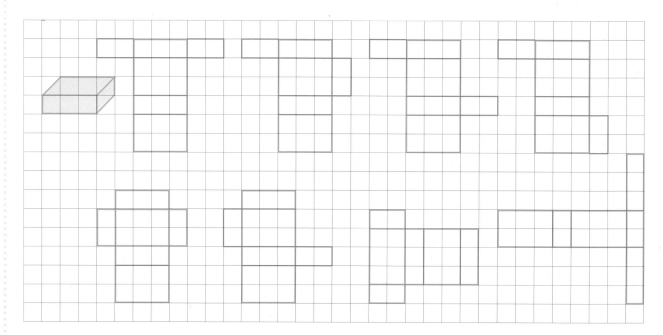

3

a) Übertrage die Zeichnung auf Karopapier, schneide sie aus und falte sie zu einem oben und unten „offenen" Würfel zusammen!

b) Überlege nun, an welchen Stellen die beiden fehlenden Quadratflächen des Würfels angeordnet sein könnten, damit Netze für einen „vollständigen" Würfel entstehen! Finde 6 Möglichkeiten!

c) Es gibt insgesamt 11 verschiedene Würfelnetze. Skizziere sie!

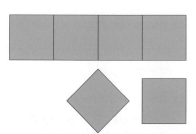

1 a) Beim Basteln von Würfeln hat Anna herausgefunden, dass ein Würfelnetz immer sieben Klebefalze haben muss. Begründe, warum sie Recht hat!

b) Prüfe, ob Anna die Klebefalze richtig angeordnet hat!

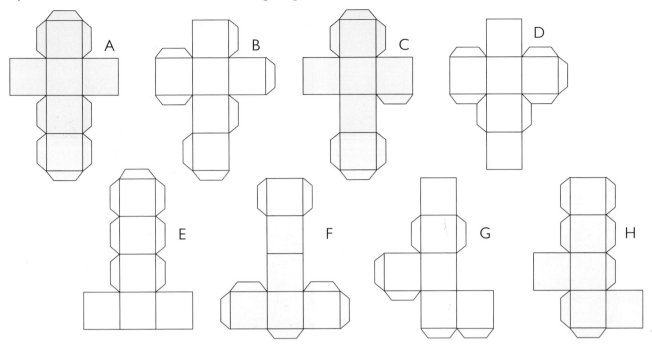

2 Welches Würfelnetz gehört zu welchem Würfel? Begründe deine Antwort!

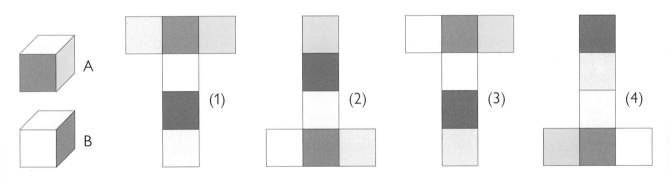

3 a) Finde heraus, warum das keine Quadernetze sind! Begründe deine Antworten!

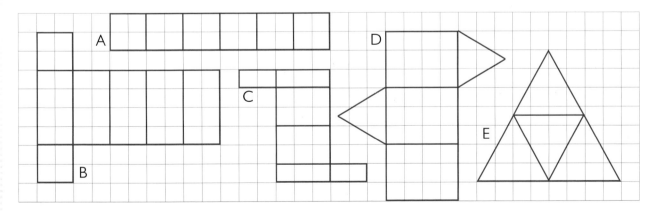

b) Untersuche, ob unter den Zeichnungen Netze von anderen geometrischen Körpern sind! Zeichne diese Netze auf Karopapier, schneide sie aus und falte sie zu Körpern zusammen!

Empire State Building

Finanzcenter Taipeh 101

Viele Wolkenkratzer wurden in Amerika und Asien gebaut. In New York steht zum Beispiel das 381 m hohe Empire State Building. In Taiwan ist das Finanzcenter „Taipeh 101" noch 56 m höher als die 452 m hohen „Petronas Towers" in Kuala Lumpur (Malaysia).
Dagegen steht in England das kleinste Steinhaus. Es ist nur 1,50 m lang, 1,20 m breit und 0,90 m hoch. Die Kinder haben zu den besonderen Häusern Aufgabenkarten geschrieben.

Benni:

> Welche Höhenunterschiede bestehen zwischen den drei Wolkenkratzern?

Paul:

> Schätze, wie viele der kleinen Häuschen etwa in euer Schulgebäude passen würden!

Bella:

> Das kleinste Steinhaus von England würde dreimal übereinander in mein Zimmer passen. Wie hoch ist mein Zimmer?

Lena:

> Wie oft müsste das Haus, in dem du wohnst, übereinandergestellt werden, damit es die Höhe des Gebäudes „Taipeh 101" erreicht?

Max:

> Die „Petronas Towers" sind rund dreimal so hoch wie der Berliner Funkturm. Wie hoch etwa ist der Funkturm?

...

Wähle Aufgabenkarten aus und löse die Aufgaben! Schreibe selbst eine Aufgabenkarte!

 Erkunde, wie hoch in Deutschland das höchste Gebäude ist!
Nutze dazu Bücher oder das Internet! Schreibe dazu Aufgabenkarten!

Rechnen mit dem Taschenrechner

1 Eine Kinderbibliothek hat 103 Bilderbücher, 1472 Märchenbücher, 5823 Bücher mit Kindergeschichten, 3694 Tierbücher und 7691 andere Sachbücher. Frau Meier ermittelt die Summe der Bücher mit einem Taschenrechner. Prüfe, ob der Taschenrechner von Frau Meier das richtige Ergebnis anzeigt!

2 Prüfe dein Wissen! Mit welcher Taste kannst du

    a) multiplizieren,

    b) ein Komma eintippen,

    c) ein Rechenergebnis abrufen,

    d) eine eingetippte Zahl wieder löschen?

3 Rechne mit dem Taschenrechner und prüfe jeweils mit einem Überschlag!

a)
$$615 + 439$$
$$286 + 3514$$
$$8127 + 7102$$
$$27065 + 9428$$

b)
$$936 - 284$$
$$5019 - 877$$
$$63244 - 1702$$
$$84305 - 8679$$

c)
$$25821 + 671 + 32805$$
$$77664 - 953 - 16582$$
$$99099 - 1664 + 22375$$
$$46325 + 3897 - 36408$$

4

a) „Von 89 auf 100"

Tippe 89 ein!
Du darfst nur +9 oder −8 rechnen, aber so oft du willst.
Versuche auf die Zahl 100 zu kommen!

b) „Von 50 auf 100"

Tippe 50 ein!
Du darfst nur +13 oder −5 rechnen, aber so oft du willst.
Versuche wiederum auf die Zahl 100 zu kommen!

5

a) Du darfst nur die Tasten

    2 , **7** , **+** und **=** drücken.

Welche Zahlen von 0 bis 20 kannst du als Ergebnisse erhalten?

b) Du darfst nur die Tasten

    3 , **+** , **−** , **x** , **:** und **=** drücken.

Kannst du als Ergebnis die Zahl 30 erhalten?

6 Partnerspiel „Wer rechnet schneller?"

Ein Kind löst die Aufgaben mit dem Taschenrechner, ein anderes Kind rechnet im Kopf. Beide Kinder schreiben ihre Ergebnisse auf. Wer hat zuerst alle Aufgaben richtig gelöst?

a)
$$8 \cdot 4$$
$$17 + 50$$
$$63 - 21$$
$$81 : 9$$

b)
$$300 : 3$$
$$600 : 5$$
$$816 + 17$$
$$1040 - 40$$

c)
$$311 + 210$$
$$888 - 444$$
$$22 \cdot 5$$
$$909 : 9$$

Gib jeweils beide Uhrzeiten an!

Wie spät ist es jeweils nach 45 Minuten?

Üben von Station zu Station

Suche dir Stationen aus!

Station 1 Zahlen ergänzen

Ergänze folgende Zahlen immer zur nächsten Zehner-, Hunderter-, Tausender- und Zehntausenderzahl:

| 75 472 | 80 916 | 243 509 | |

Schreibe so:

$75\,472 + \square = 75\,480$
$75\,472 + \square = 75\,500$
$75\,472 + \square = \square$
$75\,472 + \square = \square$

Station 2 Summen und Differenzen

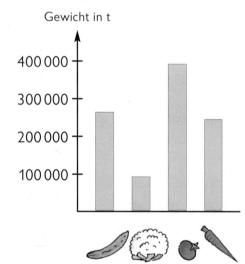

465 700
53 810
58 999
76 864
83 560

Wähle immer 2 Zahlen so aus, dass ihre Summe (Differenz)

a) zwischen 130 000 und 170 000,

b) zwischen 380 000 und 540 000 liegt!

Station 3 Diagramme

Jahresverbrauch von Gemüse in Deutschland

Gewicht in t

400 000
300 000
200 000
100 000

a) Was kannst du im Diagramm ablesen?

b) Wie stellst du dir diese Mengen vor?

c) Das Lieblingsgemüse der Deutschen sind Kartoffeln. Der Jahresverbrauch ist etwa 5-mal so hoch wie der von Gurken. Wie hoch wäre die Säule für Kartoffeln im Diagramm?

d) Fertige ein Diagramm zum Jahresverbrauch von verschiedenen Brotsorten in Deutschland an! Nutze die Tabelle!

Brotsorte	Jahresverbrauch
Roggenmischbrot	431 000 t
Toastbrot	249 000 t
Vollkornbrot	169 700 t
Weißbrot	142 500 t

e) Sprich über die Angaben! Was stellst du fest?

Station 4 Ansichten

Denke dir neue Aufgaben für eine Station aus!

a)

Von welcher Seite sieht jedes Kind die Figur?

Ben

Maria

Leon

b) Zeichne freihand die Ansichten von links und von hinten!

Aus der Knobelkiste

1 Rechne mit OTTO-Zahlen, MAMA-Zahlen und EDE-Zahlen!

a)
```
  7 337
- 3 773
```
```
  4 224
- 2 442
```
```
  6 556
- 5 665
```

b)
```
  9 393
- 3 939
```
```
  2 121
- 1 212
```
```
  4 343
- 3 434
```

Wer ist wer?

c)
```
  747
- 474
```
```
  323
- 232
```
```
  878
- 787
```

d) Finde weitere Paare für OTTO-Zahlen, MAMA-Zahlen und EDE-Zahlen!
Subtrahiere die eine von der anderen Zahl des Zahlenpaares!
Was fällt dir auf?

2 Entdecke Palindrome!

Zahlen, die vorwärts und rückwärts gelesen die gleiche Zahl ergeben, heißen Palindrome.
Wähle eine beliebige mehrstellige Zahl!
Addiere dazu ihre Spiegelzahl!
Prüfe, ob die Summe ein Palindrom ist! Bilde viele solcher Palindrome!

424

$312 + 213$ $\qquad$ $168 + 861$

3 Hier hat der Klexer zugeschlagen. Ergänze die Zahlen!

a)
```
  4 7 ▮3 ▮
+ 1 ▮0 2 5
  ▮1 3 ▮7
```
```
  8 ▮▮2 6
+   5 4 ▮▮
  ▮9 8 3 2
```

b)
```
  ▮3 ▮4 ▮
+ 2 ▮5 6 7
  9 8 7 ▮6
```
```
    7 2 9 ▮2
+   3 6 ▮1 5
  1 ▮▮0 8 ▮
```

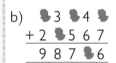

c)
```
  8 4 7 3 ▮
- 3 ▮▮▮1
  ▮0 2 5 1
```
```
  5 ▮▮3 2
- 1 0 4 ▮▮
  ▮5 3 4 0
```

4 **Rechentrick:**

Denke dir eine Zahl!
Addiere zum Dreifachen der gedachten Zahl 892!
Addiere zu deiner gedachten Zahl auch 424!
Bilde nun die Differenz beider Ergebnisse und halbiere die Differenz!
Subtrahiere vom letzten Ergebnis deine gedachte Zahl!
Wiederhole diese Berechnungen mehrmals mit verschiedenen Zahlen!
Was stellst du fest?

d)
```
  7 ▮9 ▮5
- 5 1 ▮3 ▮
  ▮4 8 3 6
```
```
  2 3 ▮▮▮
- ▮8 4 7 5
  ▮4 1 5
```

e)
```
  4 2 6 ▮ · 3
  ▮▮▮▮9
```
```
  ▮1 5 0 · 5
  1 0 ▮▮▮
```

Das kann ich schon!

Addieren

```
   6 700 +     800 =   7 500
  57 000 +  25 000 =  82 000
 465 000 + 270 000 = 735 000
 327 500 +  30 000 = 357 500
 649 400 +     600 = 650 000
```

```
  3 7 6 8 0        2 8 4 0 1
+ 4 6₁5₁5 9      + 1 7 3 5 9
  8 4 2 3 9      + 3 6 2 6 6
                   8 2 0 2 6
```

8 670 Summand	+	5 310 Summand	=	13 980 Summe

Summe

Subtrahieren

```
   6 000 -      37 =   5 963
  73 000 -   6 400 =  66 600
  41 600 -     800 =  40 800
 845 000 - 225 000 = 620 000
 300 000 -  15 400 = 284 600
```

```
  8 2 4 8 7        9 1 3 8 9
- 4₁5₁6 3 2      - 1 2 6 7 0
  3 6 8 5 5      - 3 1 0 4 2
                   4 7 6 7 7
```

10 000 Minuend	−	3 660 Subtrahend	=	6 340 Differenz

Differenz

1

+	30	300	3 000
5 780			
42 000			
51 560			
388 000			

2 Überschlage, dann rechne und vergleiche!

a) 39 217 + 42 199
   168 399 + 9 771
   27 068 + 88 352

b) 542 809 + 260 951
   419 671 + 80 369
   307 866 + 118 372

c) 21 069 km + 76 208 km + 237 976 km
   57 001 km + 30 679 km + 386 135 km

d) Erzähle zu einer Aufgabe eine Geschichte!

3 Mit welchen Summanden kannst du die Summe 1 000 000 erhalten?

4

−	7 000	20 000	55 000
73 000			
	100 000		

5 Gib mehrere Lösungen an!

32 800 − ▢ > 20 000   17 500 − ▢ < 25 000
658 000 − ▢ > 558 000   17 500 − ▢ > 25 000

6 Überschlage, dann rechne und vergleiche!

a) 50 000 − 38 651
   200 777 − 2 077

b) 1 000 000 − 357 986
   79 876 − 79 976

c) 870 652 km − 21 312 km − 8 672 km
   708 419 km − 57 601 km − 3 008 km

d) Erzähle zu einer Aufgabe eine Geschichte!

7 Die Differenz soll 23 000 sein. Welche Minuenden und Subtrahenden findest du?

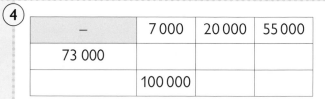 Schreibe und rechne deine Lieblingsaufgaben!

Das kann ich schon!

Masse/Gewicht

1 g $\xrightarrow{\quad 1000 \quad}$ 1 kg $\xrightarrow{\quad 1000 \quad}$ 1 t

4,8 kg = 4800 g
4,8 t = 4800 kg
480 g = 0,480 kg
480 kg = 0,480 t

8 Schätze, wie schwer dein Fahrrad (ein Fußball, eine Feder, dein Schulranzen) ist!

9 Welche Gewichte sind gleich?

65 000 kg

$6\frac{1}{2}$ kg 6 500 g 6,5 t 6,5 kg 6 500 kg

Rauminhalte

1 ml $\xrightarrow{\quad 1000 \quad}$ 1 l

500 ml = $\frac{1}{2}$ l
500 ml = 0,5 l

10 Schätze! Wie viel Wasser passt

- auf einen Esslöffel,
- in eine Gießkanne,
- in einen Trinkbecher,
- in ein Aquarium?

11 <, > oder =?

a) 300 ml ⬭ 300 l
   0,3 l ⬭ 350 ml
   $\frac{3}{4}$ l ⬭ $\frac{1}{4}$ l

b) 750 ml ⬭ 0,75 l
   500 l ⬭ 5 000 ml
   1000 ml ⬭ 10 l

Ansichten

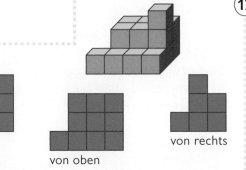

von vorn

von oben

von rechts

12 a) Aus wie vielen Würfeln besteht das Bauwerk?
b) Zeichne den passenden Bauplan!
c) Zeichne die Ansichten des Bauwerks von hinten und von links!
d) Wie viele kleine Würfel musst du ergänzen, um einen Quader zu erhalten?
e) Prüfe nun durch Nachbauen!

Sachaufgaben

13

Abflugort	Zielflug-hafen	Entfernung	Flugzeit
Düsseldorf	Teneriffa	3233 km	4 h 10 min
Düsseldorf	Istanbul	2036 km	2 h 35 min

a) Erläutere die Angaben der Tabelle!
b) Berechne den Unterschied zwischen beiden Entfernungen!
c) Stelle weitere Fragen und rechne!

 Schreibe und rechne Aufgaben, die noch schwer für dich sind!

 Schreibe Aufgaben und Regeln, die für dich wichtig sind, in dein Merkbüchlein!

4. Multiplizieren und Dividieren bis 1 000 000

Was kann ich schon?

Rechne im Kopf!

a) 4 ·   3
    4 ·   30
    4 ·   300
    4 ·   3 000
    4 · 30 000

b) 4 ·   10
    5 ·   100
    6 ·   1 000
    7 ·   10 000
    8 ·   100 000

c) 5 600 : 80
    3 000 · 40
    9 000 : 90
    6 000 · 20
    4 800 : 40

d)   35 : 7
        350 : 7
      3 500 : 7
     35 000 : 7
    350 000 : 7

e) 130 000 :   1
    130 000 :   10
    130 000 :   100
    130 000 :   1 000
    130 000 :   10 000

f) 600 · 80
    240 : 40
    460 · 50
    720 : 60

Ein Hechtweibchen heftet ungefähr
100 000 Eier an Wasserpflanzen
und bewachsene Steine.
Ein Karpfenweibchen legt sieben-
bis zehnmal so viele Eier an dicht mit
Wasserpflanzen besetzte
Stellen ab.

Zeichne mit dem
Zirkel ein
Seerosenmuster!

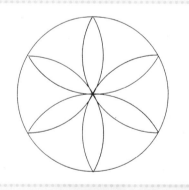

Erzähle zu einigen Aufgaben
Rechengeschichten!

a) 36 · 2,8 t   b) 1,823 kg · 9
   28 · 7,9 cm   42,81 m · 13
    5 · 3,4 l   4,06 l · 27

Das Meereskundemuseum in Stralsund
lockte am Wochenende viele Besucher an.
Die Kassierer nahmen insgesamt
9 240 Euro ein. Es wurden Karten zu
3 Euro und zu 5 Euro verkauft. Wie viele
Besucher könnten es etwa gewesen sein?

Der schnellste Fisch unserer einheimischen Gewässer ist die Forelle. Sie kann etwa 11 m in einer Sekunde schwimmen.
Wie viel Kilometer sind das ungefähr in einer Stunde?

Johannes:

```
  3 6 0 0 · 1 1
      3 6 0 0
+     3 6 0 0
    3 9 6 0 0
```

Elisa:

```
1 1 · 6 0 = 6 6 0

      6 6 0 · 6 0
        3 9 6 0 0
```

Toni:

Zeit	Weg
1 s	11 m
10 s	110 m
60 s	m

Tauchzeiten unter Wasser	
Haubentaucher	30 s bis 50 s
Fischotter	300 s bis 360 s
Biber	bis 900 s

a) Wie viele Minuten sind es immer?

b) Wie lange kannst du tauchen? Vergleiche!

Toms Aquarium ist:
30 cm hoch,
60 cm lang,
45 cm breit.

a) Gib die Maße aller verschiedenen Begrenzungsflächen des Aquariums an!

b) Skizziere die Flächen verkleinert!

Überschlage zuerst!
Dann multipliziere schriftlich!

a) 306 · 5
   793 · 4
   472 · 6

b) 987 · 42
   461 · 214
   208 · 208

Beachte Rechengesetze!

124 · 90 − 20
(124 · 90) − 20
124 · (90 − 20)

250 + 50 : 5
(250 + 50) : 5
250 + (50 : 5)

Mündliches und halbschriftliches Multiplizieren und Dividieren

1

Die Zahl 60 galt vor etwa 4 000 Jahren als eine besondere Zahl. Weil 60 viele Teiler hat, nutzten die Menschen die Zahl als Bündelungszahl von Zahlensystemen und als Umwandlungszahl bei Maßeinheiten. Außerdem spielte sie in der Sternenkunde eine wichtige Rolle. Die Zahl 60 war deshalb für viele Menschen eine heilige Zahl. Auch heute begegnet uns die Zahl noch häufig, z. B. auf Ziffernblättern von Uhren.
Wo kannst du sie noch finden?

a) Finde viele Zahlen, die Teiler von 60 sind!
b) Schätze, ob das Doppelte von 60 auch doppelt so viele Teiler hat wie 60!
c) Bilde mindestens 10 Vielfache von 60!
d) 60 ist ⬚ von 12. Bilde möglichst viele Vielfache von 12!

2

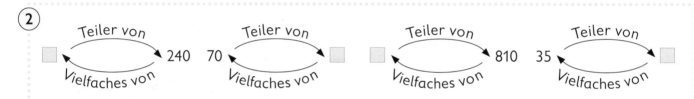

3 Rechne und setze fort!

·	10	20
100		
200		
300		
⋮		

·	100	200
100		
200		
300		
⋮		

·	1 000	2 000
1 000		
2 000		
3 000		
⋮		

Wenn ich 10 · 100 rechne, dann stelle ich mir 10 Hunderterfelder vor!

Betrachte die Zeilen und die Spalten! Was stellst du fest?

4

a) 77000 : 100
   42000 : 1000
   930 : 10
   870 : 100

b) 3600 : ⬚ = 36
   51000 : ⬚ = 510
   78400 : ⬚ = 784
   99990 : ⬚ = 9999

c) ⬚ : 44 = 1000
   ⬚ : 44 = 10
   ⬚ : 44 = 100
   ⬚ : 44 = 1

5 Rechne! Ergänze zu jedem Aufgabenturm weitere verwandte Aufgaben!

a) 5 · 3
   5 · 30
   5 · 300

b) 12 · 4
   12 · 40
   12 · 400

c) 36 : 4
   360 : 4
   3600 : 4

d) 45 : 5
   450 : 50
   4500 : 500

e) 72 : 8
   720 : 80
   7200 : 800

1

a) 33 600 · 1
  5 243 · 10
  87 419 · 0
  40 000 · 3

b) 9 000 : 9
  15 520 : 1
  27 860 : 0
  64 000 : 10

c) 48 000 : 48 000
  0 : 3 000
  14 000 : 7 000
  90 000 : 2

d) 300 · 0 · 500
  600 · 1 · 40
  500 · 10 · 30
  5 000 · 10 · 3

MEIN MERK-BÜCHLEIN
RECHNEN MIT 0 UND 1

2 Richtig oder falsch? Begründe immer!

a) 4 500 < 900 · 5
  7 200 < 80 · 90
  6 000 < 60 · 60
  5 600 < 700 · 8

b) 90 000 = 300 · 30
  24 000 < 240 · 100
  50 000 > 700 · 700
  18 000 = 900 · 200

c) 50 > 3 500 : 70
  80 = 4 800 : 6
  99 < 9 000 : 90
  30 = 6 600 : 30

d) 0 = 8 000 : 0
  10 > 500 : 10
  70 < 7 700 : 70
  40 = 1 600 : 40

3

Und bei mir?

Herzschlag

Atemzug

a) Ermittelt eure Herzschläge und Atemzüge in einer Minute (5 min, 9 min)!

b) Stellt Aufgaben zu den Angaben in der Tabelle und löst sie!

Person	Herzschlag pro Minute	Atemzüge pro Minute
erwachsener Mensch beim Joggen	130	60
erwachsener Mensch im Ruhezustand	70	15
Säugling (ein halbes Jahr alt)	120	45

4

a) Berechnet die Herzschläge pro Stunde!

b) Berechnet die Flügelschläge pro Minute (für 5 Minuten)!

Tier	Herzschläge pro Minute
Pferd	etwa 40
Esel	etwa 50
Ente	etwa 300
Huhn	etwa 350
Elefant	etwa 25

Tier	Flügelschläge pro Sekunde
Ente	etwa 9
Storch	etwa 2
Taube	etwa 8
Krähe	etwa 3
Sperling	etwa 13

5 Der Kolibri ist der kleinste und leichteste Vogel. Er atmet in einer Minute 120-mal. Sein Herz kann bis zu 1000-mal in der Minute schlagen.

Der Amethyst-Kolibri schafft es, in einer Sekunde bis zu 80-mal mit seinen Flügeln zu schlagen.

Erfinde Kolibri-Aufgaben und rechne!

Mündliches und halbschriftliches Multiplizieren und Dividieren

Iss und trinke reichlich:

Ich empfehle!

Iss mäßig:

pro Tag
1 l Getränke
250 g Brot, Getreide, Kartoffeln,
Nudeln, Reis
230 g Obst
230 g Gemüse

pro Tag
420 g Milch, Milchprodukte
80 g Fleisch, Wurst
pro Woche
2 bis 3 Eier,   180 g Fisch

Iss sparsam:

Iss selten:

pro Tag
50 g Margarine, Öl, Fette

pro Tag
50 g Kuchen, Süssigkeiten
50 g Marmelade, Zucker

a) Maxi nimmt den Rat von Frau Doktor Lupe an.
Wie viel Gemüse sollte sie in einer Woche essen?
Rechne und erkläre deinen Rechenweg!

b) Ali hat zum Geburtstag insgesamt 550 g Naschereien bekommen.
Auf wie viele Tage müsste er die Naschereien verteilen, wenn er Frau Doktors Rat beachtet und jeden Tag nur 50 g davon isst?

2 Die Kinder der Klasse 4 b rechneten so:

Jule

```
230 ·    7
200 ·    7 = 1400
 30 ·    7 =  210
1400 + 210 = 1610
```

Anne:

```
  ·            7
200 | 1400
 30 |  210
    | 1610
```

Ron:

```
550 : 50
500 : 50 = 10
 50 : 50 =  1
 10 +  1 = 11
550 : 50 ≈ 11
```

Franzi:
```
230 · 7
 20 · 7 = 140
  3 · 7 =  21
140 + 21 = 161
161 · 10 = 1610
```

Findest du deinen Rechenweg wieder?

Felix:
```
550 : 50
600 : 50 = 12
 50 : 50 =  1
 12 -  1 = 11
550 : 50 = 11
```

3 Rechne mit deinem Rechenweg!

a) 240·4   2·4700   b) 9600:8   72000:60
   310·7   6·3500   4900:7   15000:30
   280·3   6·1600   4200:6   81000:90
   130·6   3·3200   6400:8   28000:40

4 Rechne wie Anne mit dem Mal-Kreuz!

a) 420· 4   b) 516· 9
   370·50   1800·40
   990· 9   150·3
   180·60   770·2

Schriftliches Multiplizieren

1 a) Dein Mathematikbuch hat 144 Seiten.
Wie viele Seiten wurden für dich und 5 weitere
Kinder deiner Klasse insgesamt gedruckt?

b) Erkläre, wie Lucie
gerechnet hat!

Ü: 900
144 · 6
864

2 Überschlage, rechne und kontrolliere!

a) 2 499 · 2
   6 214 · 3

b) 27 311 · 5
   45 956 · 7

c) 26 3451 · 2
   24 7243 · 3

d) 28 916 · 4
   45 678 · 6

Ⓛ 4 998, 18 642, 136 555,
115 664, 274 068,
321 692, 526 902,
741 729

e) Schätze ein, welche Aufgaben dir leicht und
welche Aufgaben dir schwer fallen!

3 a) Ergänze!

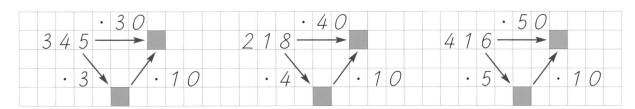

Multipliziere
schriftlich!

So oder so?

345 · 30
1035
 000
10350

345 · 30
10350

b) 112 · 40
   218 · 30
   410 · 20
   604 · 50
   725 · 20
   315 · 60

2 114 · 200
1 410 · 400
3 202 · 300
5 082 · 200
7 021 · 500
1 604 · 300

271 · 300
410 · 500
208 · 400
140 · 900
109 · 300
151 · 700

4 Immer zwei Produkte sind gleich!

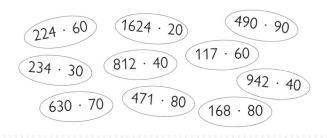

224 · 60

1624 · 20

490 · 90

234 · 30

812 · 40

117 · 60

630 · 70

471 · 80

942 · 40

168 · 80

5 Löse die Gleichungen, beschreibe dein
Vorgehen!

a) ☐ : 30 = 3
   ☐ : 90 = 38
   ☐ : 40 = 3
   ☐ : 600 = 57
   ☐ : 50 = 763

b) 287 = ☐ : 80
   340 = ☐ : 70
   4 800 = ☐ : 800
   2 473 = ☐ : 20
   3 825 = ☐ : 40

Schriftliches Multiplizieren

1

Über 72 Stunden in einem Monat?

Pawel stellte eines Tages fest, dass seine Eltern und er täglich ungefähr 155 Minuten mit dem Hündchen Maxi spazieren gehen.

a) Er fragt sich nun:
„Wie viel Minuten sind das in einem Monat mit 31 Tagen?"

Pawel überschlägt zuerst und staunt:

```
150 · 30
Ü:  4500
```

Dann will es Pawel genau wissen und rechnet so:

```
155 · 31
     465
      155
    4805
```

Finde heraus, wie Pawel gerechnet hat und überprüfe das Ergebnis!

2

Überschlage zuerst, dann multipliziere!

a)
192 · 61	1285 · 43	315 · 26	280 · 59
214 · 32	2419 · 55	412 · 64	604 · 66
610 · 24	3112 · 91	109 · 88	378 · 99

L: 11712, 6848, 14640, 55255, 133045, 283192, 8190, 26368, 9592, 16520, 39864, 37422

b) Schätze ein, welche Aufgabe dir leicht und welche dir schwer gefallen ist!

3

a) Annika will wissen: „Wie viel Minuten spaziert Pawel mit seinem Hund in einem Jahr?"
Hilf Annika die Aufgabe zu lösen!

Annika

```
150 · 400
Ü: 60000

155 · 365
   46500
    9300
     775
   56575
```

Pawel

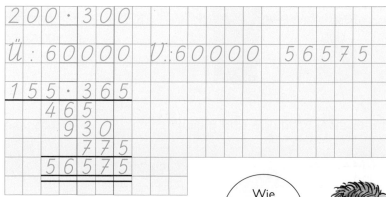

```
200 · 300
Ü: 60000    V: 60000    56575

155 · 365
   465
   930
   775
  56575
```

Wie rechnest du?

1 Pawel und Annika berichten in ihrer Klasse über ihre Rechnungen.
Alle staunen.
Die Hundebesitzer sagen:
„Wir berechnen auch die Zeitdauer, die wir für unseren Spaziergang benötigen."
Sie stellen ihre Beobachtungen in einer Tabelle vor:

Hundespaziergänge eines gesamten Jahres

	Mark	Robert	Vivi	Jule
Anzahl der Tage	25	42	112	225
Dauer des Spazierganges an jedem Tag	124 min	170 min	135 min	183 min

Versuche die gesamte Zeitdauer der Hundespaziergänge jedes Kindes
für das gesamte Jahr zu berechnen!

2 Überschlage zuerst, dann multipliziere!

a) $6318 \cdot 29$
 $12636 \cdot 14$
 $25272 \cdot 7$
 $3159 \cdot 224$

b) $3472 \cdot 26$
 $868 \cdot 104$
 $1736 \cdot 208$
 $3472 \cdot 104$

c) $112 \cdot 56$
 $144 \cdot 72$
 $128 \cdot 64$
 $256 \cdot 128$

d) $1234 \cdot 56$
 $1234 \cdot 112$
 $1234 \cdot 124$
 $1234 \cdot 248$

e) $431 \cdot 93$
 $431 \cdot 107$
 $431 \cdot 186$
 $431 \cdot 214$

Ⓛ 6272, 8192, 10368, 32768, 40083, 46117, 69104, 80166, 90272, 90272, 92234, 138208,
153016, 176904, 176904, 183222, 306032, 361088, 361088, 707616

3 Welches Ergebnis gehört zu welcher Aufgabe?

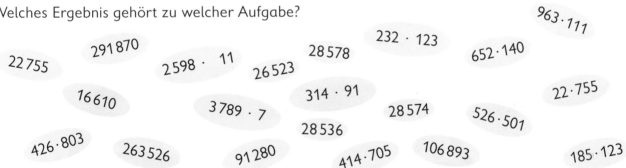

22755   291870 $2598 \cdot 11$ 26523   28578 $232 \cdot 123$ $652 \cdot 140$ $963 \cdot 111$

16610 $3789 \cdot 7$ $314 \cdot 91$ 28574 $526 \cdot 501$ $22 \cdot 755$

$426 \cdot 803$ 263526   91280   28536 $414 \cdot 705$ 106893 $185 \cdot 123$

4 Ergänze!

a)
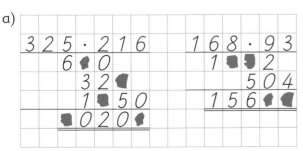
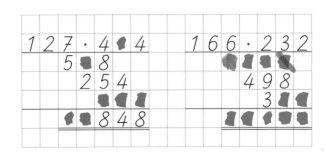

☺ b) Erfindet selbst solche Klecksaufgaben!
 Rechnet und kontrolliert eure Aufgaben und Ergebnisse!

Schriftliches Multiplizieren

1

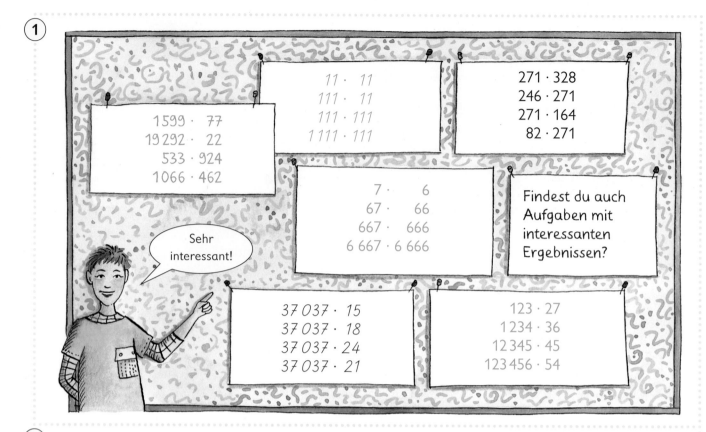

1599 · 77
19 292 · 22
533 · 924
1066 · 462

11 · 11
111 · 11
111 · 111
1 111 · 111

271 · 328
246 · 271
271 · 164
82 · 271

7 · 6
67 · 66
667 · 666
6 667 · 6 666

Findest du auch Aufgaben mit interessanten Ergebnissen?

Sehr interessant!

37 037 · 15
37 037 · 18
37 037 · 24
37 037 · 21

123 · 27
1234 · 36
12 345 · 45
123 456 · 54

2 Rechne vorteilhaft!

a) 4 · 226 · 25
    2 · 436 · 15
   45 · 999 · 2
  150 · 25 · 6

b) 256 · 2 · 30
     5 · 804 · 14
     4 · 64 · 250
     2 · 316 · 500

c) 40 · 464 · 50
    5 · 7341 · 16
  304 ·   40 · 25
  449 ·   25 · 5

Ⓛ 13 080, 15 360, 56 125,
56 280, 64 000, 89 910,
22 500, 22 600, 304 000,
316 000, 587 280,
928 000

3 Ein zerstreuter Professor hat alle Ergebnisse vertauscht!

376 · 824 = 200 317
916 · 173 = 193 698
435 · 212 = 83 750
316 · 435 = 309 824

918 · 211 = 158 468
134 · 625 = 164 010
385 · 426 = 92 220
811 · 247 = 137 460

4 a)

· 35
214
311
506
410
308

· 42
434
255
343
218
117

b)

a	125 · a
201	
610	
404	
150	
702	

b	b · 250
161	
333	
543	
626	
222	

5 a) 314 + 26 · 48
     1250 + 13 · 24

b) 5630 − 33 · 22
   4904 − 66 · 44

c) 26 · 31 + ▢ = 4000
   152 · 62 + ▢ = 4000

Ⓛ 1562, 1562, 2 000,
3 194, 4 904, n. l.

Rechnen mit dem Taschenrechner

1 Partnerspiel „Hochwertige Produkte"

Gegeben sind die Zahlen

(58) (21) (57) (31) (26) (51) (24) (39) (59) (53) (41) (18)

und drei unterschiedlich bewertete „Zahlenkisten".

Zahlen von 0 bis 999	Zahlen von 1000 bis 1999	Zahlen von 2 000 bis 3 000
1 Punkt	3 Punkte	1 Punkt

Der Spieler, der am Zug ist, wählt 2 Zahlen, multipliziert sie mit dem Taschenrechner und besetzt die beiden Zahlen mit Plättchen. Anschließend prüft er, in welche Kiste das Ergebnis passt und notiert die Punktzahl.
Wer am Ende die meisten Punkte hat, ist Sieger.

Spielt auch mit anderen Zahlen!

Anna	Tim
3 Punkte	1 Punkt

2 a) Multipliziere mit dem Taschenrechner!

7· 6	4· 4	3· 4
67· 66	34· 34	33· 34
667·666	334·334	333·334

b) Was stellst du fest? Versuche deine Entdeckungen zu begründen. Rechne dazu schriftlich!

3 a) Rechne mit dem Taschenrechner! Entdecke Tricks für das Kopfrechnen!

21·19	72·68	33·27	26·34	89·91	51·49
41·39	58·62	63·57	46·54	88·92	52·48
101·99	22·18	77·83	94·86	87·93	53·47

b) Wende nun deine Tricks an und rechne im Kopf! Kontrolliere mit dem Taschenrechner!

79·81	102·98	7·13	36·44	104·96	78·82
31·29	38·42	37·43	66·74	76·84	32·28
9·11	28·32	103·97	6·14	24·16	84·76

4 Probiere mit dem Taschenrechner!

a) Das Produkt von 2 zweistelligen Zahlen ist 444.

b) Das Produkt von 2 zweistelligen Zahlen ist 931.

c) Sprecht darüber, wie ihr die Faktoren ermittelt habt!

Sachaufgaben: Im Kino

1

Eintrittspreise:

Erwachsene:	8,00 €
Kinder (bis 13 J.):	6,70 €

Kombiticket für 2 Veranstaltungen
am gleichen Tag:

für Erwachsene:	13,50 €
für Kinder:	11,00 €

Kinotag (Mo)
Alle Karten sind für den Kinderpreis
erhältlich.

a) 239 Schüler und 15 Lehrer der
Sakura-Schule wollen am Mittwoch den
Film „Neptuns Reich" ansehen.
Vier Väter und vier Mütter begleiten
die Kinder.
Wie viel Euro kosten die Karten
insgesamt?

b) Wie viel Euro könnte die Schule sparen,
wenn sie ihren Kinobesuch auf einen
Montag legt?

c) Berechne für eine Veranstaltung verschiedene Kinopreise
– für deine Klasse mit 3 Begleitpersonen,
– für dich und deine Familie,
– für dich und deine Freunde!

2

MONTAG	
10 Uhr	Neptuns Reich
11 Uhr	Der Mount Everest
12 Uhr	Unser blauer Planet
13 Uhr	Neptuns Reich
14 Uhr	Der Mount Everest
15 Uhr	Unser blauer Planet
16 Uhr	Die Antarktis
17 Uhr	Neptuns Reich
18 Uhr	Auf Safari in Afrika
19 Uhr	Unser blauer Planet
20 Uhr	Die Antarktis
21 Uhr	Der Mount Everest
22 Uhr	Auf Safari in Afrika

Im Kino sind 436 Sitzplätze und 4 Plätze für Rollstuhlfahrer.

a) Wie viele Karten stehen montags für alle Veranstaltungen
insgesamt zur Verfügung?

b) Die Vorführungen am Vormittag werden meistens von
Kindern besucht. So kamen an einem Dienstag 375 Kinder
zur 1. Vorführung. Das waren 34 Kinder weniger als in der
2. Vorführung.
Wie viele Kinder kamen zum 2. Film am Dienstag?

c) In den Vorführungen um 14 Uhr und um 15 Uhr sind jeweils
etwa die Hälfte der Plätze besetzt.
Wie viele Karten sind ungefähr für beide Vorführungen
verkauft worden?

 Stellt ein Kino in eurem Ort (dem Nachbarort) vor! Schreibt dazu Fragen, rechnet, antwortet!

420 + 630	750 + 96	650 − 420	870 − 390	912 − 520 − 52
420 + 63	750 + 960	650 − 42	870 − 39	537 − 370 − 77

1 Weißt du, wie ein Kinofilm entsteht?

Wenn du viele einzelne Bilder nacheinander schnell betrachtest, erscheint es dir so, als würden sich die Figuren auf den Bildern bewegen. So laufen in einem Kinofilm in einer Sekunde etwa 24 Bilder an deinem Auge vorbei. Ein einziges Bild misst etwa 35 mm.

a) Wie viele Bilder müssen für einen 5 s langen Zeichentrickfilm gezeichnet werden?

b) Wie viele Bilder laufen an deinem Auge vorbei, wenn du einen 45 min langen Film im IMAX-Kino Berlin siehst?

c) Wie lang ist das Filmstück, wenn der Film eine Minute (eine Stunde) läuft?

2 Die Filmvorführungen beginnen täglich um 10 Uhr. Sonntags bis donnerstags beginnt die letzte Vorführung um 22 Uhr. Freitags und sonnabends beginnt die letzte Vorführung um 24 Uhr.

a) Wie viele Vorführungen waren es im Januar diesen Jahres insgesamt?

b) Annas Lieblingsfilm lief im vergangenen Jahr an 161 Tagen viermal und an 94 Tagen fünfmal täglich. Wie oft wurde der Film im letzten Jahr insgesamt gezeigt?

3 Erfinde zu folgenden Nachrichten Aufgaben und löse diese!

a)
> Der am häufigsten auf der Leinwand gesehene Kinoheld ist Sherlock Holmes.
> Seit 1900 wurde der große Detektiv in 204 Filmen von 72 verschiedenen Schauspielern dargestellt.

b)
> Etwa 1000 Kinder trafen in vier Veranstaltungen zur Kinopremiere „Pokémon – Der Film" im Filmpalast ein. Wegen des riesigen Ansturms wurde der Film gleich achtmal gezeigt. Außerdem flimmerte das Abenteuer noch in weiteren 35 Kinos über die Leinwand.

W

80 mm = ☐ cm	290 m = ☐ cm	6,1 m = ☐ cm	79 cm = ☐ mm
35 mm = ☐ cm	350 m = ☐ km	0,8 m = ☐ dm	8 cm = ☐ m
6 mm = ☐ cm	80 m = ☐ km	0,4 m = ☐ mm	230 cm = ☐ m

Schriftliches Dividieren

1 Tims ältere Schwester fährt mit 2 Freundinnen in den Urlaub. Die 3 Freundinnen wollen sich die Reisekosten von 1578 € gleichmäßig teilen. Tims Schwester berechnet ihren Anteil.
Finde heraus, wie Tims Schwester gerechnet hat!

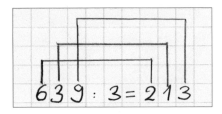

```
1578 : 3 = 526
15
 07
  6
  18
  18
   0
```

2 Versuche auch so zu rechnen!

639 : 3	2175 : 3	42672 : 6
824 : 2	16888 : 4	6429 : 3
4480 : 4	13654 : 2	74862 : 2
35555 : 5	25850 : 5	15950 : 5

Schätze ein, welche Aufgaben dir leicht und welche Aufgaben dir schwer gefallen sind!

L 213, 412, 1120, 725, 2143, 3190, 4222, 5170, 6827, 7111, 7112, 37431

3 Die Kinder der Klasse 4b rechneten so:

Lene:
```
639 : 3 = 213
```

Kati:
```
H Z E              H Z E
6 3 9 : 3
    9 : 3 =            3
    3 : 3 =          1
6     : 3 = 2
                  2 1 3
```

Adrian:
```
2175 : 3
2100 : 3 = 700
  70 : 3 =  20  Rest 10
  15 : 3 =      5
             725
```

Jesse:
```
4840 : 4 = 1210
-4
 08
 -8
  04
  -4
   00
    0
    0
```

Vergleicht mit euren Rechenwegen!

4 Was sagst du dazu?

Beim schriftlichen Dividieren beginnt man bei den Einern.

Beim schriftlichen Dividieren beginnt man bei der höchsten Stellenzahl.

Beim schriftlichen Dividieren muss man dividieren, multiplizieren und subtrahieren.

1

651 : 3

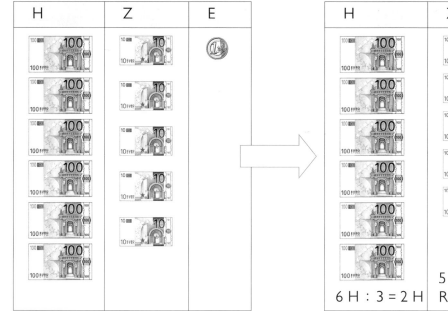

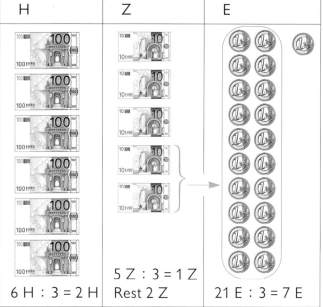

6 H : 3 = 2 H   5 Z : 3 = 1 Z Rest 2 Z   21 E : 3 = 7 E

Das Teilen ist doch ziemlich schwer, ich rechne ständig hin und her!

Erkläre die Schritte beim schriftlichen Dividieren!

```
1. Überschlag:   6 0 0 : 3 = 2 0 0
2. Rechnung:
H Z E         H Z E     H:   6 H : 3 = 2 H, denn  3 · 2 H =   6 H
6 5 1 : 3 = 2 1 7   Z:   5 Z : 3 = 1 Z, denn  3 · 1 Z =   3 Z, Rest 2 Z
6                   E: 2 1 E : 3 = 7 E, denn  3 · 7 E = 2 1 E
0 5
  3
  2 1               3. Kontrolle:  2 1 7 · 3 = 6 5 1
  2 1
    0
```

2 Dividiere schriftlich!

a)	b)	c)	d)	e)
8642 : 2	9384 : 4	5684 : 4	6575 : 5	3246 : 6
7186 : 2	12675 : 3	1328 : 4	2155 : 5	63175 : 7
9678 : 6	77917 : 7	25688 : 8	18999 : 9	11112 : 8

Ⓛ 332, 431, 541, 1315, 1389, 1421, 1613, 2111, 2346, 3211, 3593, 4225, 4321, 9025, 11131

3

a)	b)	c)
1056 : 2 28904 : 2	1188 : 3 65214 : 3	7830 : 2 49270 : 2
1056 : 4 28904 : 4	1188 : 6 65214 : 6	7830 : 5 49270 : 5
1056 : 8 28904 : 8	1188 : 9 65214 : 9	7830 : 10 49270 : 10

d) Was kannst du beim Rechnen erkennen?

Schriftliches Dividieren

① a)

$$3484 : 4$$

Was meinst du zu folgenden Überschlägen für die Aufgabe $3484 : 4$?

Yvonne überschlägt so:	Christian überschlägt so:	Tina überschlägt so:
$3600 : 4 = 900$	$3200 : 4 = 800$	$4000 : 4 = 1000$

b) Rechne nun genau und vergleiche!

c) Überschlage zuerst, dann rechne genau! Vergleiche und kontrolliere!

$436 : 2$	$966 : 7$	$5238 : 9$	$2916 : 6$	$1197 : 3$
$378 : 3$	$744 : 3$	$1734 : 2$	$4438 : 7$	$2248 : 4$
$756 : 4$	$942 : 6$	$2552 : 4$	$1776 : 2$	$6978 : 6$
$995 : 5$	$952 : 8$	$6235 : 5$	$1776 : 8$	$4122 : 9$

Wie überschlägst du?

② Drei Ergebnisse sind falsch. Finde sie nur durch Überschlagen!
Rechne die richtigen Ergebnisse aus! Wie könnten die Fehler entstanden sein?

Der Quotient aus 1887 und 3 ist 629.

Die Differenz von 2548 und 1368 ist 3916.

Der Quotient aus 357 und 7 ist 2499.

Die Summe der Zahlen 3078 und 5806 ist 8884.

Der Quotient aus 3680 und 8 ist 46.

Das Produkt von 846 und 9 ist 7614.

③

a	b	a : b
2628	9	
5724	6	
	7	826
	9	482

x	y	x · y
759	8	
	5	2570
	6	2748
4	259	

 292, 458, 514, 954, 1036, 4338, 5782, 6072

④

a) $3 \cdot a = 1746$
$5 \cdot b = 4215$
$4 \cdot c = 2548$

b) $x \cdot 6 = 25686$
$y \cdot 2 = 11274$
$z \cdot 7 = 25564$

c) $r \cdot 5 = 7385$
$7 \cdot s = 4361$
$t \cdot 8 = 7992$

d) $9 \cdot d = 46926$
$e \cdot 8 = 52256$
$3 \cdot f = 14355$

 582, 623, 637, 843, 999, 1477, 3652, 4281, 4785, 5214, 5637, 6532

Ⓦ

a) $63€ + 7,81€$
$55,99€ + 8,95€$
$0,98€ + 999,80€$

b) $26,56\,m - 19,78\,m$
$6,74\,m - 55\,cm$
$346,98\,m - 59,70\,m$

c) $385,45€ - 157,28€$
$15689,72€ - 9776,50€$
$10000,00€ - 8706,47€$

1

❓

Vorsicht, Nullen tauchen auf! Doch die Regeln hab ich drauf!

a) Rechne die Aufgaben nach! Worauf musst du besonders achten? Prüfe mit der Umkehraufgabe!

Ü: 700 : 7 = 100
910 : 7 = 130
7
21
21
00
0
0

Ü: 1 200 : 4 = 300
1 224 : 4 = 306
12
02
0
24
24
0

Ü: 6 000 : 3 = 2 000
5 082 : 3 = 1 694
3
20
18
28
27
12
12
0

Überschlage zuerst, dann rechne genau! Kontrolliere!

b) 918 : 3
960 : 5
639 : 9

c) 3 681 : 9
4 860 : 4
1 785 : 5

d) 72 600 : 6
30 264 : 8
30 264 : 3

e) 520 026 : 3
810 160 : 2
601 741 : 7

Ⓛ 71, 192, 306, 357, 409, 1 215, 3 783, 10 088, 12 100, 85 963, 173 342, 405 080

2 Stelle Fragen, rechne und antworte!

WER ÜBERBIE-TET DEN REKORD? 268 SPRÜNGE!

Das ist ja das 4-fache von meiner Bestleistung!

Wir haben alle Lose verkauft! In der Kasse sind 872 €!

TOMBOLA EIN LOS FÜR 2 €!

Von den 378 Teilnehmern hat ein Drittel alles richtig!

Wir haben schon 124 € eingenommen!

Jedes Stück 50 Cent

VERLOSUNG IST UM 11.30 UHR

Noch 40 min warten!

Dividieren mit Rest

1 Die Hühner von Bauer Sonnenberg legten heute 826 Eier.
Der Bauer will sie verpacken. Er hat 6er- und 10er-Eierkartons.

Tom rechnet:

```
8 2 6 : 6 = 1 3 7  Rest 4
6
2 2
1 8
  4 6
  4 2
    4

        1 3 7 · 6
          8 2 2
      +       4
          8 2 6
```

a) Beschreibe Toms Rechenweg und sprich über das Ergebnis!

b) Wie viele Eier bleiben übrig, wenn der Bauer sie in 10er-Kartons verpackt?

c) Lisa behauptet: „Er kann die Eier auch so verpacken, dass kein Rest übrig bleibt."
Hat sie Recht? Begründe!

2 Überschlage zuerst, dann rechne genau!

a)	b)	c)	d)
340 : 3	5823 : 5	72647 : 2	10350 : 10
938 : 4	4286 : 8	33455 : 5	4658 : 10
804 : 7	9873 : 2	8318 : 5	3724 : 4
992 : 9	4358 : 6	3256 : 2	6331 : 4

e) Luca erkennt bei einigen Aufgaben sofort, ob ein Rest bleibt. Wie macht er das?

3

a)	b)	c)	d)	e)
4251 : 2	4251 : 6	3024 : 4	4160 : 6	Teile alle Zahlen
4251 : 3	4251 : 7	3025 : 4	4161 : 6	von 895 bis 910
4251 : 4	4251 : 8	3026 : 4	4162 : 6	durch 3!
4251 : 5	4251 : 9	3027 : 4	4163 : 6	Was stellst du fest?

4 Anna hat einen 225 cm langen Wollfaden.

Kann das sein? Begründe!

a) Wenn ich den Faden in 5 gleich lange Stücke schneide, ist jedes Stück 45 cm lang.

b) Ich habe den Faden in drei 75 cm lange Stücke geschnitten, 5 cm sind übrig geblieben.

c) Ich kann den Wollfaden nicht in 6 gleich lange Stücke schneiden.

d) Zerschneide selbst 225 cm lange Wollfäden und prüfe!

e) Denke dir selbst solche Aufgaben aus und rechne!

Teilbarkeitsregeln und Primzahlen

1

> Ich kenne einen Trick!

Tara behauptet:
„Ich kann sofort sagen, ob eine große Zahl durch 5 teilbar ist."
Die Kinder der Klasse 4a testen Tara:
„Welche der folgenden Zahlen sind durch 5 teilbar?"

725	890	9470	51042	431
3641	6714	325	62410	10000
18235	55283	42060	89235	8999

Tara antwortet sofort. Erkennst du ihren Trick?

2

a) Welche von den folgenden Zahlen sind durch 2, welche durch 4 teilbar?

24	653	724	342	103
56	256	809	500	0
81	75	72	555	128

b) Setze vor jede Zahl eine Ziffer und prüfe, welche von den neu entstandenen Zahlen durch 2 (durch 4) teilbar sind!

3

a) Welche Zahlen zwischen 80 und 100 sind durch 2 (durch 4) teilbar?

b) Welche Zahlen zwischen 180 und 200 sind durch 2 (durch 4) teilbar?

c) Welche Zahlen zwischen 2180 und 2200 sind durch 2 (durch 4) teilbar?

Tipps zum Entdecken von Regeln

1. Willst du wissen, ob eine Zahl durch 5, durch 10 oder durch 2 teilbar ist, brauchst du nur auf die Einerziffer der Zahl zu sehen.
2. Willst du wissen, ob eine Zahl durch 4 teilbar ist, brauchst du nur auf die Einer- und auf die Zehnerziffer der Zahl zu sehen.
3. Willst du wissen, ob eine Zahl durch 3 oder 9 teilbar ist, brauchst du nur alle Ziffern der Zahl zu addieren (**Quersumme**).

4

Welche von den folgenden Zahlen sind durch 3, welche durch 9 teilbar?

189	891	356	165	615	289
918	819	675	651	561	463
981	198	207	516	156	999

5

Versuche Regeln für die Teilbarkeit von Zahlen durch 2, 3, 4, 5 und durch 9 anzugeben!
Prüfe deine Regeln immer an verschiedenen Zahlen!

6

Zahlen, die größer als 1 sind und die sich nur durch 1 und durch sich selbst teilen lassen, nennt man **Primzahlen.**
Beispiele für Primzahlen sind: 2, 5, 11.

a) Welche Zahlen bis 20 sind auch Primzahlen?

b)
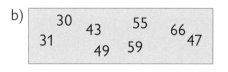

| 30 | 43 | 55 | 66 |
| 31 | | 49 | 59 | 47 |

Welche Zahlen von Leon sind Primzahlen?

c) Erforsche, welche Zahlen bis 100 Primzahlen sind!

Mini-Projekt

Müll

① In Deutschland fallen im Jahr etwa 35 Millionen Tonnen Hausmüll an. Würde der gesamte Müll auf einem Haufen liegen, so würde ein riesiger Berg entstehen, der höher als das Matterhorn wäre. Sprecht darüber!

Matterhorn: 4478 m hoch

② Herr Koske erzählt, dass er mit seinem Müllwagen im letzten Jahr aus Berlin insgesamt 24800 t Hausmüll abgeholt hat.

a) Wie viel Kilogramm sind das?

b) Wie viele volle 80-Liter-Mülltonnen sind das ungefähr?
Tipp: Eine volle 80-Liter-Mülltonne ist etwa 40 kg schwer.

c) Etwa das Vierzigfache der von Herrn Koske abgeholten Müllmenge war der gesamte Berliner Hausmüll des letzten Jahres. Gib die Menge in Tonnen an!

Mit der Müllmenge kann man das Berliner Olympia-stadion 6-mal füllen!

③

a) Die Müllbehälter haben einen Rauminhalt von 240 l, 110 l und 1100 l. Welchem Müllbehälter würdest du die jeweilige Größenangabe zuordnen?

b) Berechne, wie viel Liter Müll insgesamt in alle Müllbehälter auf dem Foto passen!

c) Im Durchschnitt erzeugt jede Person in Deutschland jährlich etwa 290 kg Müll. Wie viele volle 110-Liter-Tonnen könnten das ungefähr sein?

④ a) Erkunde eine Woche lang, wie viel Kilogramm Müll in deiner Familie anfällt!

b) Berechne dann, wie viel Müll bei euch in einem Monat und in einem Jahr anfallen könnte!

Gestaltet eine Wandzeitung mit Ideen zur Müllvermeidung!

a)	b)	c)	d)	e)
825 + 1309	5326 − 1748	68 · 14	33000 : 3	480000 : 6
3471 + 9216	8150 − 6507	73 · 26	55005 : 5	72000 : 8

1 Tina stellt 12 leere Saftpackungen in den Karton zurück.
Anja faltet die Packungen so geschickt, dass sie 54 leere Packungen in den Karton legen kann.
Eine leere Saftpackung ist 30 g schwer.

a) Ergänze in der Tabelle die Anzahl der leeren Saftpackungen, die in die Kartons passen!

	Tina	Anja
1 Karton		
2 Kartons		
⋮	⋮	⋮

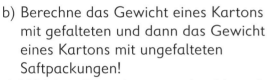

b) Berechne das Gewicht eines Kartons mit gefalteten und dann das Gewicht eines Kartons mit ungefalteten Saftpackungen!

c) Welcher Gewichtsunterschied besteht zwischen 100 Kartons mit gefalteten und 100 Kartons mit ungefalteten Saftpackungen?

d) Tina und Anja erkunden, wie viele gefaltete Saftpackungen in die 240-l-Tonnen passen. Sie stellen fest, dass es 60-mal so viele Packungen sind wie in Anjas Karton. Kann das sein? Prüfe!

e) Anjas Mutter arbeitet in einem großen Hotel. Sprecht darüber, warum das Falten der Saftpackungen dort besonders wichtig ist!

2 Die Kinder der Klasse 4a feiern bald ein „Müllfest".
Dafür haben sie viele Ideen gesammelt. Fatima und Josi wollen Papierkleider schneidern.
Für jedes Kleid werden 9 Zeitungsseiten benötigt.

a) Wie viele Kleider könnte man aus 135 Zeitungsseiten schneidern?

b) Erkunde, wie viele Zeitungen von eurer Tageszeitung dafür gebraucht würden!

c) Mohammed und Kai stellen aus Verpackungen Musikinstrumente her. Finde dazu Aufgaben und löse sie!

d) Welche Ideen habt ihr für ein „Müllfest"?

13,002 kg = ☐ g	4 234 g = ☐ kg	7,8 t = ☐ dt	15 dt 12 kg = ☐ dt
5,08 kg = ☐ g	609 g = ☐ kg	24,09 t = ☐ dt	5 t 1 dt = ☐ t
90,5 kg = ☐ g	28 600 g = ☐ kg	2 409 dt = ☐ t	45 dt = ☐ kg

Einheiten der Zeit

1 Gib an, welche Zeiteinheit du verwenden würdest!

... am Vormittag in der Schule sein

... lang die Luft anhalten

... ein warmes Bad nehmen

... dauerte meine Grundschulzeit

... zur Hofpause gehen

... lang im Urlaub sein

2 a) Wandle in die nächstkleinere Einheit um!

24 min	3 h 20 min
6 h	40 min 3 s
4 h	6 min 12 s
3 Tage	4 Tage 5 h

b) Wandle in die nächstgrößere Einheit um!

60 s	140 min
120 min	210 s
68 h	42 h
33 Monate	48 Monate

c) Runde auf volle Stunden!

18 h 45 min	6 h 29 min
50 min	7 h 7 min
3 h 10 min	2 h 41 min
1 h 24 min	8 h 58 min

Du kannst hierfür auch dein Merkbüchlein nutzen.

3 Ergänze!

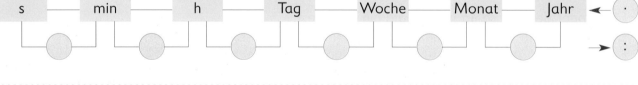

s — min — h — Tag — Woche — Monat — Jahr ← ·
     ·
→ :

4 Bilde Paare!

Dauer einer Schulwoche

18 Monate

ein Vierteljahr

9 Monate

366 Tage

6 Wochen

2 880 min

5 Tage

6 Monate

Dauer der Weihnachtsfeiertage

$1\frac{1}{2}$ Jahre altes Kind

3 Monate

Dauer der Sommerferien

ein Halbjahr

ein Schaltjahr

ein Dreivierteljahr

W Wie spät ist es jeweils in 15 min? Gib beide Möglichkeiten an!

Zeitdauer- und Zeitpunktberechnungen

1 Ein Riesenerlebnis auf der Harzer Schmalspurbahn

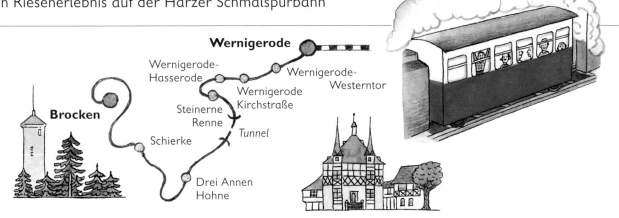

Hinfahrt zum Brocken		1.	2.	3.	4.	5.	6.	Rückfahrt vom Brocken		1.	2.	3.	4.	5.	6.
	Wernigerode ab	08.40	09.25	10.10	13.10	14.40	16.10	km 19	Brocken (1120 m) ab	11.23	12.59	16.04	16.49	17.30	18.18
km 0	Drei Annen Hohne (540 m) ab	09.30	10.15	11.00	14.00	15.40	17.00	km 5	Schierke (685 m) ab	12.11	13.38	16.43	17.28	18.09	18.47
km 5	Schierke (685 m) ab	09.52	10.37	11.22	14.24	16.03	17.29	km 0	Drei Annen Hohne (540 m) ab	12.36	14.06	17.06	17.51	18.36	19.06
km 19	Brocken (1120 m) an	10.22	11.07	11.52	15.13	16.33	17.59		Wernigerode an	13.18	14.48	17.48	18.33	19.18	19.48

a) Berechne die Dauer der Fahrzeiten von Wernigerode
   – nach Drei Annen Hohne,
   – nach Schierke,
   – zum Brocken!

b) Wähle selbst eine Strecke aus und berechne die Fahrzeit!

c) Jessica kommt mit dem vierten Zug in Schierke an, um ihre Freundin zu besuchen. Nach 4 h 10 min beendet sie ihren Besuch. Wie spät ist es dann? Könnte Jessica noch mit dem Zug zurückfahren? Begründe!

d) Timo kommt mit dem ersten Zug morgens am Brocken an. Er wandert mit seinem Freund 50 min auf dem Brockenrundweg. Dann gehen sie noch eine Dreiviertelstunde in den Brockengarten. Wie spät ist es nun?

2 a) Erkunde in einem Busfahrplan oder in einem Zugfahrplan, wie du von deinem Heimatort nach Wernigerode kommen könntest!

b) Berechne die Gesamtdauer der Fahrt!

c) Was würdest du dir in Wernigerode gerne ansehen?

3 Ergänze im Heft!

a)

Abfahrt	Fahrzeit	Ankunft
10:05 Uhr	46 min	
11:12 Uhr	48 min	
9:19 Uhr		12:20 Uhr
12:34 Uhr		16:15 Uhr
	39 min	20:58 Uhr

b)

Abfahrt	Fahrzeit	Ankunft
8:44 Uhr	1 h 18 min	
11:11 Uhr		15:26 Uhr
15:39 Uhr		21:31 Uhr
	2 h 7 min	13:12 Uhr
	98 min	15:45 Uhr

Zeitstrahl

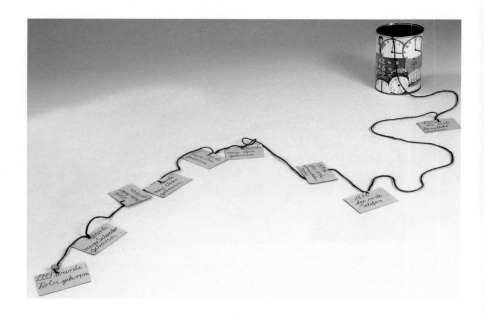

1 Tobi holt aus seiner Zeitdose einen langen Zeitfaden
mit vielen Kärtchen heraus.
Auf einem der Kärtchen
steht: „1999 wurde Tobi
geboren."
11 cm davor ist ein Knoten
mit der Geburtskarte von
Tobis Schwester.
Für jedes Lebensjahr hat
Tobi 1 cm Fadenlänge
berechnet.

a) Wann ist Tobis Schwester geboren?

b) Von Tobis Geburtskärtchen bis zum Geburtskärtchen seines
Vaters beträgt der Fadenabstand 31 cm. Wann ist Tobis Vater
geboren?

c) Tobi hat in einem Buch über Erfindungen gelesen, dass der
Nürnberger Schlosser Henlein im Jahre 1510 die erste
tragbare Uhr gebaut hat und dass es 1928 die ersten
Quarzuhren gab.
Wie lang müsste Tobis Zeitfaden sein,
wenn er zu diesen Erfindungen jeweils ein Kärtchen
anbringen wollte?

2 a) Baue dir eine Zeitdose!
Du brauchst
1 leere Kaffeedose,
1 dickes Wollknäuel,
Pappkarton, Papier,
Kleber, Stift, Schere, Lineal.

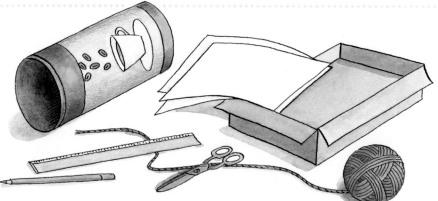

b) Fertige zu wichtigen Ereignissen in deiner Familie Kärtchen an!
Knote sie wie Tobi an einen Zeitfaden! Beachte dabei die Abstände!

c) Erkunde in Büchern wichtige Erfindungen und ordne diese einem Zeitstrahl zu!

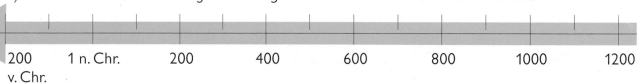

200 v. Chr.　1 n. Chr.　200　400　600　800　1000　1200

Unsere Zeitrechnung beginnt mit dem Jahr 1 nach Christi Geburt, 1 n. Chr.

Erfindungen

Vor etwa 2000 Jahren brannte die erste Kerze.

Eine kupferne Urkunde von 595 n. Chr. zeigt die erste Zahlschrift.

Etwa im Jahre 90 n. Chr. wurde das erste Papier hergestellt.

1783 fand der 1. Flug mit einem Heißluftballon statt.

Ab 1888 konnte jedermann fotografieren.

1582 wurde die heutige Kalendereinteilung festgelegt.

1876 erfand Graham Bell das erste Telefon.

1802 fuhr die erste Dampflokomotive.

1886 gab es das erste Benzin-Automobil!

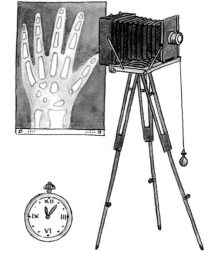

1895

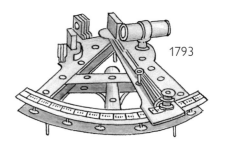

1793

1840

1820

1880

1400

Ab 1959 konnten erste Computer hergestellt werden.

1 a) Zeige auf dem Zeitstrahl, wo etwa die Jahreszahl jeder Erfindung liegt!

b) Berechne, wie viele Jahre von jeder Erfindung bis zu deinem Geburtsjahr vergangen sind!

c) Stell dir vor, auf Tobis Zeitfaden gäbe es auch eine Karte mit der Erfindung des Papiers! Wie lang müsste Tobis Zeitfaden dann sein?

2 Erkundet weitere Erfindungen oder besondere Ereignisse aus den Jahren 1900 bis 2000 und ordnet diese Jahreszahlen auf dem Zeitstrahl ein!

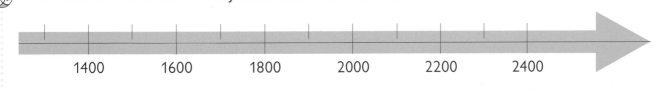

1400   1600   1800   2000   2200   2400

Rechnen mit Kommazahlen

1 Familie Preuss muss neues Heizöl bestellen.
1000 l Heizöl kosten 531,10 €.

a) Familie Preuss lässt 2000 l in den Tank laufen.
Wie viel Euro muss sie bezahlen?
Überschlage zuerst, rechne dann genau!

b) Erkläre, wie du überschlagen und dann genau gerechnet hast!

2 Die Kinder aus der Klasse 4a rechneten so:

Basti:

Ü: 500 € · 2 = 1000 €
531 10 · 2
‾‾‾‾‾‾‾
106220
106220 ₵ = 1062,20 €

Kati:

Ü: 530 € · 2 = 1060 €
531 10 € · 2
‾‾‾‾‾‾‾
1062,20 €

Siggi:

Ü: 500 € · 2 = 1000 €
531 € · 2 = 1062 €
10 ₵ · 2 =   20 ₵
1062 € + 20 ₵ = 1062,20 €

Findest du deinen Rechenweg wieder?

3
a) 29,75 € · 4	b) 713,521 km · 3	c) 6,432 kg · 12	d) 2,531 l · 6
12,03 € · 25	401,024 km · 2	13,104 kg · 4	0,250 l · 15
2,12 € · 108	12,1 km · 25	4,2 kg · 21	1,5 l · 44
12,14 € · 125	35,004 km · 14	3,002 kg · 112	9,003 l · 180

Ⓛ 3,75; 15,186; 52,416; 66; 77,184; 88,2; 119; 228,96; 300,75;
302,5; 336,224; 490,056; 802,048; 1517,5; 1620,54; 2140,563

4
a) 0,59 € · 11	b) 2,55 m · 6	c) 1,7 km · 9	d) 2,6 kg · 5
1,87 € · 14	3,04 m · 12	2,05 km · 7	0,81 kg · 8
2,99 € · 15	4,16 m · 16	3,16 km · 12	1,75 kg · 13
3,25 € · 21	5,80 m · 25	0,8 km · 18	3,18 kg · 16

Ⓛ 6,49; 15,30; 26,18; 36,48; 44,85; 68,25; 145; 14,35; 14; 4; 15,3; 37,92; 6,48; 13, 22,75; 50,88

5 **Aktuelle Preise für Heizöl**

Abnahmemenge	Preisspanne pro 100 l
ab 1000 l	53,11 €
ab 5000 l	47,91 €
ab 10000 l	47,26 €

a) Erkläre die Tabelle aus der Tageszeitung!

b) Herr Gründler bestellt 7000 l Heizöl.
Berechne für diese Menge einen günstigen Preis!

c) Berechne den Preisunterschied zwischen einer
Abnahme von 3000 l und einer Abnahme von
5000 l Heizöl!

42 + 87	56 + 15	79 − 36	83 − 49	14 + 26 − 19
420 + 87	560 + 15	790 − 36	830 − 49	140 + 26 − 19
420 + 870	560 + 150	790 − 360	830 − 490	140 + 260 − 190

1

a) Nadine will mit ihren Eltern den Blumen-
kasten auf dem Balkon bepflanzen.
Sie kaufen 2 rosarote, 4 dunkelrote und
2 blaue Fuchsien für insgesamt 16,24 €.
Wie viel Euro kostet eine Pflanze?
Überschlage und rechne dann genau!

b) Wie rechnest du?
Wir rechnen so:

Ich dividiere
zuerst 16 durch 8
und dann 24 durch 8.

Ich dividiere
16,24 €
durch 8 schriftlich.

Ich
wandle zuerst
in Cent um
und dividiere
dann!

2

a) 4,50 € : 5	b) 36,72 € : 6	c) 28,40 m : 8	d) 8,136 km : 2
13,20 € : 4	81,96 € : 4	61,02 m : 3	0,664 km : 8
11,60 € : 2	40,05 € : 9	53,90 m : 5	2,151 km : 3
20,80 € : 4	53,34 € : 6	62,93 m : 7	3,546 km : 9

Ⓛ 0,083; 0,394; 0,717; 0,90; 3,30; 3,55; 4,068; 4,45; 5,20; 5,80; 6,12; 8,89; 8,99; 10,78; 20,34; 20,49

3

a) 8,64 m : 8	b) 386,024 km : 8	c) 2,545 kg : 5	d) 0,930 l : 6
3,06 m : 6	103,32 km : 6	21,609 kg : 3	132,003 l : 3
4,14 m : 9	0,99 km : 9	31,640 kg : 4	64,400 l : 7
7,68 m : 4	12,6 km : 7	32,150 kg : 2	102,316 l : 4

Ⓛ 0,11; 0,155; 0,46; 0,509; 0,51; 1,08; 1,8; 1,92; 7,203; 7,910; 9,200; 16,075; 17,22; 25,579; 44,001; 48,253

4

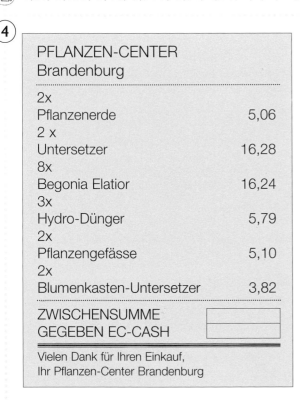

PFLANZEN-CENTER
Brandenburg

2x Pflanzenerde	5,06
2 x Untersetzer	16,28
8x Begonia Elatior	16,24
3x Hydro-Dünger	5,79
2x Pflanzengefässe	5,10
2x Blumenkasten-Untersetzer	3,82

ZWISCHENSUMME
GEGEBEN EC-CASH

Vielen Dank für Ihren Einkauf,
Ihr Pflanzen-Center Brandenburg

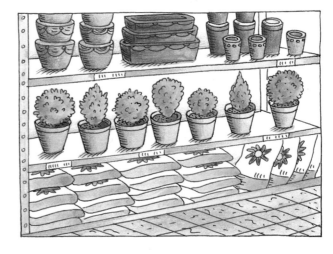

a) Berechne die Einzelpreise!

b) Berechne die Gesamtsumme!

 Klebe Rechnungen mit mehreren gleichen
Artikeln auf!
Berechne dann die Einzelpreise!

Flächen, Ecken und Kanten

1

Vergleiche Quader und Pyramiden miteinander!
Untersuche dazu Modelle von Quadern und Pyramiden und beantworte dann folgende Fragen:

a) Wie viele und welche Begrenzungsflächen hat
 – ein Quader,
 – eine Pyramide?
Wie liegen gegenüberliegende (benachbarte) Flächen zueinander?

b) Wie viele Kanten hat ein Quader und wie viele eine Pyramide?
Wie liegen gegenüberliegende (benachbarte) Kanten zueinander?
Vergleicht jeweils die Längen gegenüberliegender (benachbarter) Kanten miteinander!

c) Wie viele Ecken haben die beiden Körper?
Zeigt gegenüberliegende (benachbarte) Ecken!

2 Nimm ein Quadrat des Legematerials und einen Würfel und untersuche, ob die Kinder Recht haben! Begründe deine Antworten!

Gegenüberstehende Kanten eines Würfels sind immer parallel zueinander.

Gegenüberliegende Seiten eines Quadrates haben den gleichen Abstand voneinander.

Gegenüberliegende Kanten von Würfeln und gegenüberliegende Seiten von Quadraten sind jeweils parallel zueinander.

Benachbarte Kanten eines Würfels bilden rechte Winkel miteinander.

Benachbarte Seiten eines Quadrates stehen senkrecht aufeinander.

Jedes Quadrat hat vier rechte Winkel.

 Wandle in Meter um!

a) 52 cm 8 cm 175 cm
 90 cm 9 000 cm 400 cm

b) 0,324 km 2 km $\frac{1}{2}$ km
 0,4 km 1,5 km $\frac{1}{4}$ km

c) 5 dm 70 dm 360 dm
 3,6 km 2 dm 4 cm

Zueinander parallele und zueinander senkrechte Strecken

1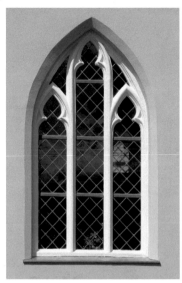

Suche nach zueinander parallelen und zuein- ander senk- rechten Strecken!

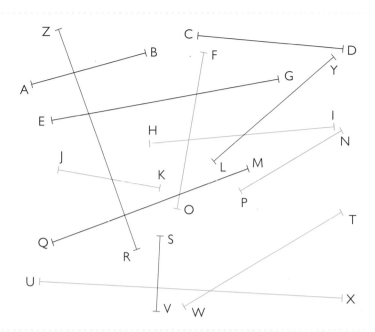

2

a) Nenne Materialien, mit denen du zueinander senkrechte Strecken zeichnen kannst!

b) Erkläre, wie du beim Zeichnen jeweils vorgehen musst!

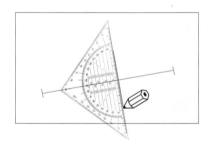

c) Nenne Materialien, mit denen du zueinander parallele Strecken zeichnen kannst!

d) Zeichne ebenso!

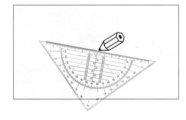 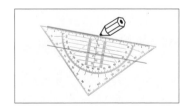 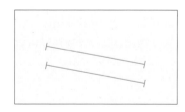

e) Zeichne zueinander parallele Strecken auch mit anderen Hilfsmitteln!

3

a) Zeichne zwei zueinander parallele Geraden!

b) Zeichne danach zwei Geraden, die senkrecht zu den beiden Parallelen sind und beschreibe die entstandene Figur!

Dreiecke, Vierecke, Kreise

1

a) Sortiere die Figuren des Legematerials danach, ob sie rechte Winkel haben oder nicht!

b) Sortiere die Figuren anschließend nach der Anzahl der rechten Winkel!

c) Untersuche, ob es Dreiecke mit mehr als einem rechten Winkel geben kann!

d) Lege Figuren des Legematerials zu Vierecken zusammen, die nur einen rechten Winkel oder genau zwei rechte Winkel haben!

2

a) Lege 9 blaue Dreiecke des Legematerials wie rechts dargestellt zu einem großen Dreieck zusammen!

b) Wie viele neue Dreiecke sind durch das Zusammenlegen entstanden?

c) In dem großen Dreieck sind insgesamt 15 Parallelogramme versteckt. Finde möglichst viele davon!

d) Wie viele von den gefundenen Parallelogrammen haben vier gleich lange Seiten? Warum sind diese Vierecke keine Quadrate?

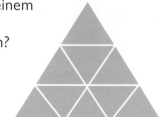

3

a) Falte ein Zeichenblatt nacheinander auf diese Weise:

b) Zeichne die Faltlinien nach und bezeichne sie mit a, b, c, d und e!

c) Beschreibe die Lage der Faltlinien zueinander!

d) Erläutere, welche Vierecke du erhalten hast!

4

a) Zeichne einen Kreis mit dem Radius 1,5 cm!

b) Zeichne in diesen Kreis zwei Durchmesser ein, die senkrecht zueinander sind! Verbinde die Endpunkte dieser Durchmesser durch Strecken!

c) Was für eine Figur hast du erhalten? Überprüfe deine Antwort!

d) Was für eine Figur könnte entstehen, wenn die eingezeichneten Durchmesser nicht zueinander senkrecht wären?

5 Kann das sein? Begründe deine Antworten! Nutze dazu auch Zeichnungen!

In ein Quadrat mit der Seitenlänge 3 cm kann man ein Dreieck einzeichnen, bei dem jede Seite 3 cm lang ist.	In ein Quadrat mit der Seitenlänge 3 cm kann man einen Kreis mit dem Radius 3 cm einzeichnen.	In ein 6 cm langes und 3 cm breites Rechteck kann man 2 Kreise mit dem Durchmesser 3 cm einzeichnen.

Trapeze

1 Lege die Vierecke mit dem Lege-
material nach!
Beantworte dann die folgenden
Fragen und überprüfe deine
Antworten!

a) Welche dieser Vierecke haben
   rechte Winkel?

b) Woran erkennst du, dass unter
   den Vierecken kein Rechteck ist?

c) Welche dieser Vierecke haben
   gleich lange Seiten?

d) Welche dieser Vierecke haben
   zueinander parallele Seiten?

e) Welche dieser Vierecke haben
   zueinander parallele Seiten,
   sind aber keine Parallelogramme?

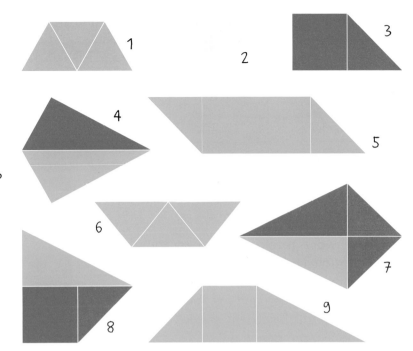

Vierecke, bei denen zwei gegenüberliegende Seiten zueinander parallel sind, heißen **Trapeze.**

2 a) Suche in deiner Umgebung
       nach Trapezen!

b) Lege mit Stäbchen Trapeze!

c) Zeichne mit dem Geodreieck
   Trapeze verschiedener Größe!
   Überlege dir durch Legen mit
   Stäbchen, in welcher Reihenfolge
   du beim Zeichnen vorgehen willst!

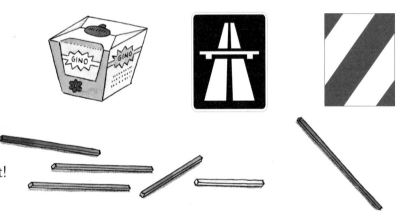

3 a) Zeichne auf Karopapier mehrere gleich große Quadrate!

b) Zeichne jeweils eine Strecke so in ein Quadrat ein,
   dass sie das Quadrat in zwei Trapeze teilt!

c) Wie könnte die Strecke verlaufen, wenn das Quadrat
   dadurch in zwei deckungsgleiche Trapeze zerlegt wird?
   Probiere es aus!

d) Schneide die beiden deckungsgleichen Trapeze aus
   und lege sie auf verschiedene Weise zusammen!

68:4	105:6	1200:20	3500: 7	4200:30	5050: 5
91:7	144:3	1200:40	3500:70	4200:60	5050:10
65:5	171:9	1200: 6	3500: 5	420: 7	5050: 1

Vierecke

1 Lina hat auf dem Geobrett Vierecke gespannt und sie dann abgezeichnet:

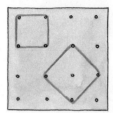 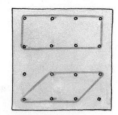 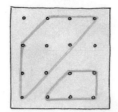 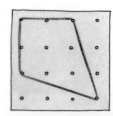 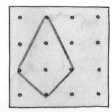

a) Benenne die Vierecke, die du kennst!

b) Spanne auf deinem Geobrett Trapeze und zeichne deine Beispiele auf!

c) Die schwarz gezeichneten Vierecke haben 2 Paare gleich langer benachbarter Seiten. Sie heißen **Drachenvierecke.**
Lege mit Stäbchen und mit Teilen deines Legematerials Drachenvierecke!
Fertige Skizzen davon an!

2 a) Tino hat zwei blaue Dreiecke aneinandergelegt. Er behauptet, dass dieses Viereck ein Drachenviereck und auch ein Parallelogramm ist. Begründe, warum er Recht hat!

b) Weshalb ist Tinos Rhombus kein Quadrat?

Ein Viereck mit 4 gleich langen Seiten heißt Rhombus (Raute).

3 a) Übertrage die Zeichnungen auf Karopapier und ergänze sie zu Drachenvierecken!

b) Zeichne die Symmetrieachsen ein!

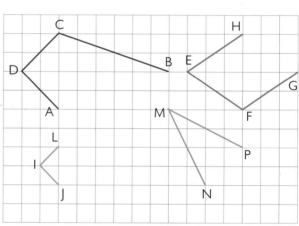

4 Ergänze im Heft!
Tipp: Es kann mehrere Lösungen geben.

a) Wenn ein Viereck vier rechte Winkel hat, ist es ein _____ .

b) Wenn ein Viereck vier Symmetrieachsen hat, ist es ein _____ .

c) Wenn ein Viereck zueinander parallele Seiten hat, ist es ein _____ .

d) Jedes Quadrat ist auch ein _____ .

8 · 10 + 5	7 · 30 − 29	450 − 50 : 2	630 − 70 : 5	900 · 0 + 65
8 + 10 · 5	7 · 29 − 30	450 : 50 − 2	630 : 70 − 5	900 + 65 · 0

Achsensymmetrische Figuren

1

a) Wie kannst du feststellen, ob eine Figur eine Symmetrieachse hat?

b) Untersuche, welche Dreiecke und welche Vierecke Symmetrieachsen haben!

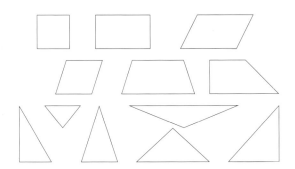

c) Übertrage achsensymmetrische Dreiecke und Vierecke in dein Heft!

2 Stellt eine Ausstellung über achsensymmetrische Figuren zusammen!
Bearbeitet dazu in kleinen Gruppen folgende Aufträge!

a) Legt achsensymmetrische Figuren mit Hilfe des Legematerials!
Zeichnet sie auf und malt sie aus!

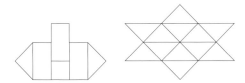

b) Fertigt Klecksfiguren an! Schneidet einen Teil der Klecksfiguren für ein Memory-Spiel jeweils in zwei deckungsgleiche Teile!

c) Fertigt Faltschnitte von achsensymmetrischen Figuren an!

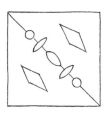  

d) Zeichnet achsensymmetrische Figuren!

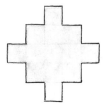  

e) Klebt Bilder von achsensymmetrischen Verkehrszeichen und Hinweiszeichen auf!

f) Sucht nach achsensymmetrischen Figuren an Fahrrädern, Autos, Bahnen und klebt Bilder davon auf!

 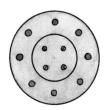

g) Findet an und in Gebäuden achsensymmetrische Figuren! Klebt Bilder oder Zeichnungen dieser Figuren auf!

Verschiebungen, schiebesymmetrische Figuren

(1)

a) Erläutere, wie diese Türen funktionieren!

b) Nenne Beispiele für Schiebetüren und Drehtüren aus deiner Umgebung!

(2) a) Luca hat mit einem Rechteck des Lege-materials die Bewegung einer Schiebetür nachgelegt und gezeichnet:

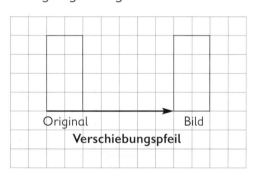

Übertrage die Zeichnung mit den Begriffen auf Karopapier!

b) Verschiebe ein Dreieck des Legematerials wie in der Zeichnung!

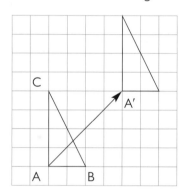

Übertrage die Zeichnung auf Karopapier und ergänze die Verschiebungspfeile für die Punkte B und C!

c) Welche Eigenschaften haben die Verschiebungspfeile?

(3) a) Übertrage die Figuren in dein Heft und setze sie fort!

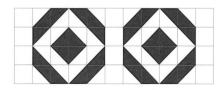 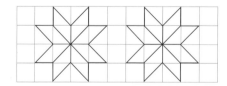

b) Leas Bandornamente enthalten Fehler. Finde sie!

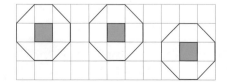 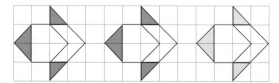

Wenn man eine Figur mehrmals nacheinander verschiebt, entsteht eine **schiebe-symmetrische Figur**, ein Band-ornament.

Drehungen, drehsymmetrische Figuren

1 a)

Das Glücksrad ist achsensymmetrisch!

Hat Tim Recht? Begründe deine Meinung!

b) Kann Lea das Rad so drehen, dass es danach so aussieht wie jetzt?
Gibt es hierfür mehrere Möglichkeiten?

Figuren, die nach dem Drehen um einen Punkt genauso aussehen wie vorher, heißen **drehsymmetrisch**.

2 Welche Figuren sind drehsymmetrisch?

a)

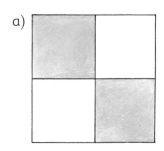

b)

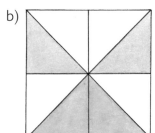

c)

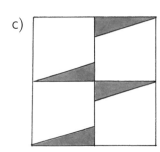

Tipp:
Zeichne die Figuren ab und schneide sie aus! Lege sie nun auf die Buchfiguren, halte sie in der Mitte mit einer Nadel fest und drehe!

3 a) Nimm die 4 Könige eines Kartenspiels zur Hand! Begründe, warum diese Karten drehsymmetrisch sind, aber nicht achsensymmetrisch!

b) Untersuche, welche anderen Karten drehsymmetrisch sind!

c) Finde heraus, ob es Karten gibt, die drehsymmetrisch und achsensymmetrisch sind!

4 Zwei von den unten angegebenen Figuren sind nicht drehsymmetrisch. Finde sie heraus und begründe deine Entscheidung!

Schneide aus Katalogen und Werbematerialien Bilder von drehsymmetrischen Figuren oder Gegenständen aus und klebe sie auf!

Vergleichen von Flächen

1 a) Sortiere die Vierecke und die roten Dreiecke des Legematerials nach der Größe ihrer Flächen! Beschreibe, wie du dabei vorgehst!

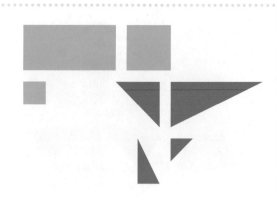

b) Probiere aus, wie viele der kleinsten Dreiecke in jede der anderen Figuren ungefähr hineinpassen! Was stellst du fest?

c) Lea behauptet, dass das große Dreieck eine genauso große Fläche hat wie das mittelgroße Viereck. Hat Lea Recht? Begründe!

2 Was sagst du dazu?

a)

Ich habe eine Tafel Schokolade, die aus 18 Stücken besteht.

Meine Tafel Schokolade hat 24 Stücke. Sie ist größer.

b)

Ich zeichne auf einem DIN-A4-Blatt.

Mir ist das zu klein. Ich nehme ein DIN-A3-Blatt.

3 Welche Flächen sind gleich groß? Schätze zuerst! Wähle zum Auslegen die kleinen Dreiecke des Legematerials!

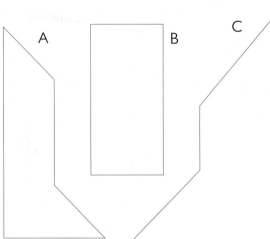

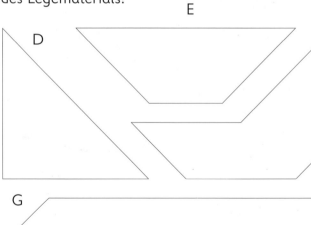

A B C D E F G

4 a) Wie viele kleine Dreiecke passen in die anderen beiden Figuren?

b) Spanne auf einem Geobrett weitere Figuren auf, in die genauso viele kleine Dreiecke hineinpassen! Zeichne deine Lösungen auf!

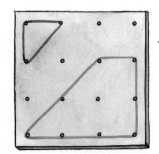
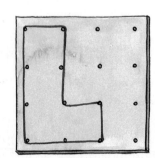

Flächeninhalt und Umfang

1 Sind die grünen Flächen genauso groß wie die roten Flächen?
Schätze zuerst und prüfe es dann nach!

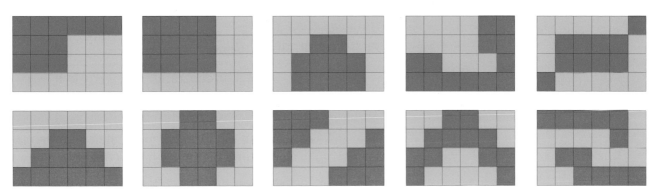

2 a) Übertrage die rechts dargestellten
Figuren auf Karopapier!

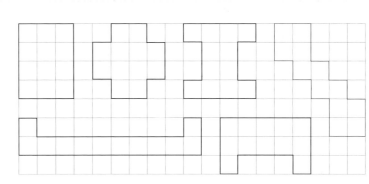

b) Zeichne weitere Figuren dazu, die
den gleichen **Flächeninhalt** haben,
also auch aus 12 Karos bestehen!

c) Zeichne die Ränder der Figuren mit
einem Farbstift nach!
Schreibe auf, wie viele Karoseiten
du jeweils nachgezeichnet hast!
Diese Zahl gibt jeweils den **Umfang** der Figur an!

d) Welche der aufgezeichneten Figuren hat bei gleichem Flächeninhalt den größten Umfang,
welche den kleinsten?

3 a) Legt mit Stäbchen Figuren, die einen Umfang von 16 Stäbchen haben!

b) Stellt fest, welche der von euch gelegten Figuren den kleinsten Flächeninhalt haben!
Welche Figur hat den größten Flächeninhalt?

4 Die Familien von Marie, Lisa und Felix haben
flächengleiche Gärten mit folgenden Formen:

Die Gärten sollen eingezäunt werden. Wer braucht den längsten Zaun? Begründe!

Das kann ich schon!

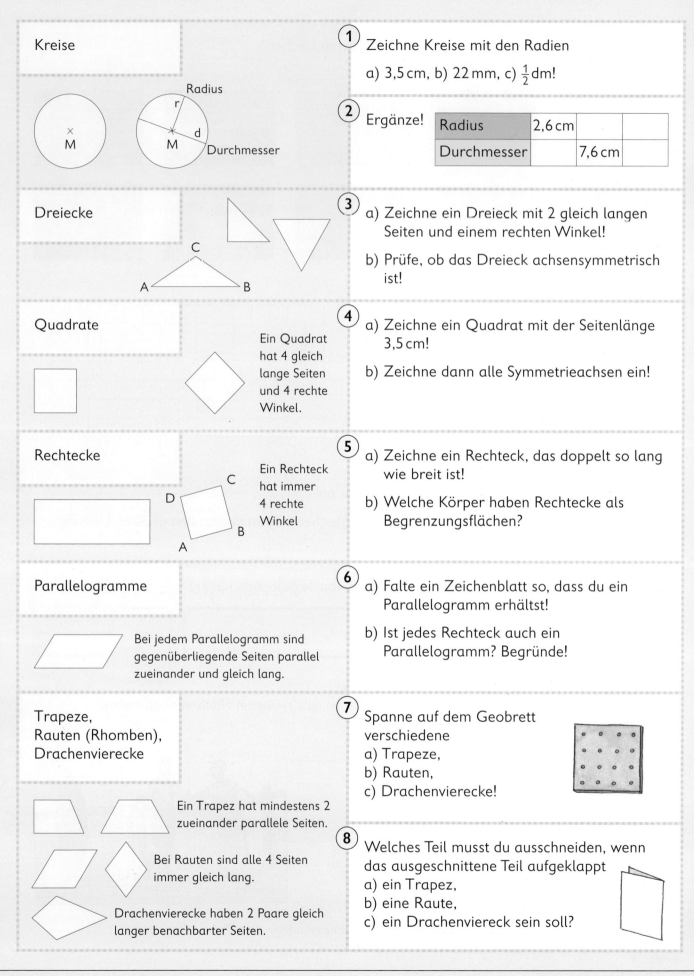

Kreise

Radius

r

M

d

M

Durchmesser

① Zeichne Kreise mit den Radien

a) 3,5 cm, b) 22 mm, c) $\frac{1}{2}$ dm!

② Ergänze!

Radius	2,6 cm		
Durchmesser		7,6 cm	

Dreiecke

C

A   B

③ a) Zeichne ein Dreieck mit 2 gleich langen Seiten und einem rechten Winkel!

b) Prüfe, ob das Dreieck achsensymmetrisch ist!

Quadrate

Ein Quadrat hat 4 gleich lange Seiten und 4 rechte Winkel.

④ a) Zeichne ein Quadrat mit der Seitenlänge 3,5 cm!

b) Zeichne dann alle Symmetrieachsen ein!

Rechtecke

Ein Rechteck hat immer 4 rechte Winkel

D

C

B

A

⑤ a) Zeichne ein Rechteck, das doppelt so lang wie breit ist!

b) Welche Körper haben Rechtecke als Begrenzungsflächen?

Parallelogramme

Bei jedem Parallelogramm sind gegenüberliegende Seiten parallel zueinander und gleich lang.

⑥ a) Falte ein Zeichenblatt so, dass du ein Parallelogramm erhältst!

b) Ist jedes Rechteck auch ein Parallelogramm? Begründe!

Trapeze, Rauten (Rhomben), Drachenvierecke

Ein Trapez hat mindestens 2 zueinander parallele Seiten.

Bei Rauten sind alle 4 Seiten immer gleich lang.

Drachenvierecke haben 2 Paare gleich langer benachbarter Seiten.

⑦ Spanne auf dem Geobrett verschiedene
a) Trapeze,
b) Rauten,
c) Drachenvierecke!

⑧ Welches Teil musst du ausschneiden, wenn das ausgeschnittene Teil aufgeklappt
a) ein Trapez,
b) eine Raute,
c) ein Drachenviereck sein soll?

Das kann ich schon!

Würfel

Anzahl der		
Ecken	Flächen	Kanten
8	6	12

(9) Ergänze!

a) Alle Flächen eines Würfels sind …

b) Alle Kanten eines Würfels sind …

c) Benachbarte Kanten sind … zueinander.

Quader

Alle Flächen eines Quaders sind Rechtecke. Gegenüberliegende Flächen sind deckungsgleich.

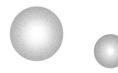

(10) a) Ein Quader ist 5 cm lang, 3 cm breit und 2 cm hoch.
Zeichne seine Begrenzungsflächen!

b) Zeichne freihand ein verkleinertes Schrägbild des Quaders!

Kugel

Eine Kugel hat keine Ecken und keine Kanten.

(11)

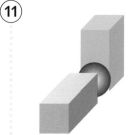

Zeichne freihand, wie die Figur von vorn, von links, von hinten und von rechts aussieht!

Pyramiden, Zylinder, Kegel

(12) Welcher Körper könnte es jeweils sein?

a) 2 Begrenzugsflächen sind Kreise.

b) Er hat 5 Ecken und 5 Flächen.

c) Alle Begrenzungsflächen sind Dreiecke.

Würfel- und Quadernetze

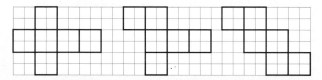

Es gibt 11 verschiedene Würfelnetze.

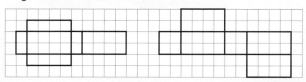

(13) Welche Figuren sind Quadernetze?

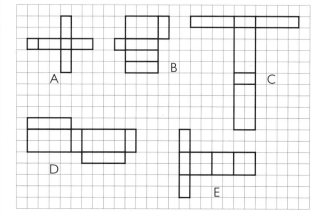

A B C D E

Aufgaben mit verschiedenen Rechenarten, Aufgaben mit Klammern

1 a)

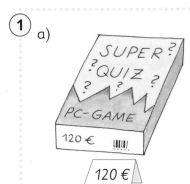 

120 €

25 €

$120 € + 5 \cdot 25 € = \boxed{} €$

b)

$24 \cdot 6 + 144$	$240 + 12 \cdot 5$
$59 + 7 \cdot 63$	$31 \cdot 7 + 183$
$94 \cdot 5 - 170$	$335 - 47 \cdot 5$
$329 - 87 : 3$	$843 - 129 : 3$
$432 - 72 : 8$	$630 + 70 \cdot 11$

Ⓛ 100, 288, 300, 300, 300, 400, 423, 500, 800, 1 400

2 a)

$500 \cdot 5 + \boxed{} = 3\,000$

$2 \cdot 578 + \boxed{} = 2\,000$

$1\,388 + 204 \cdot \boxed{} = 2\,000$

$1\,268 - \boxed{} \cdot 2 = 1\,138$

$18 \cdot 61 + \boxed{} = 1\,138$

b)

$500 : 5 + \boxed{} = 3\,000$

$\boxed{} - 738 : 6 = 135$

$123 : 3 + \boxed{} = 400$

$770 : \boxed{} + 930 = 1\,000$

$\boxed{} - 1740 : 6 = 1\,710$

> Punkt-rechnung geht vor Strich-rechnung!

Ⓛ 3, 11, 40, 65, 258, 359, 500, 844, 2 900, 12 000

3 a) Rechne!

$(4 \cdot 3) + (9 \cdot 3)$
$13 \cdot 3$

$(5 \cdot 11) + (4 \cdot 11)$
$\boxed{} \cdot 11$

$(4 \cdot 15) + (8 \cdot 15)$
$\boxed{} \cdot 15$

$(3 \cdot 31) + (2 \cdot 31)$
$\boxed{} \cdot 31$

b) Rechne und bilde selbst eine passende Aufgabe dazu!

$(3 \cdot 8) + (6 \cdot 8)$
$\boxed{} \cdot \boxed{}$

$(\boxed{} \cdot \boxed{}) + (\boxed{} \cdot \boxed{})$
$8 \cdot 9$

$(5 \cdot 13) + (2 \cdot 13)$
$\boxed{} \cdot \boxed{}$

$(\boxed{} \cdot \boxed{}) + (\boxed{} \cdot \boxed{})$
$10 \cdot 16$

4 a) Ordne die Gleichungen den passenden Texten zu!

$12 \cdot 8 + 16 = \boxed{}$

$12 \cdot (8 + 16) = \boxed{}$

Für einen Kuchenbasar bereiten die Kinder der Klasse 4a 12 Teller mit jeweils 8 Schoko-bällchen und 16 Quarkbällchen vor.

Die Kinder der Klasse 4b tragen 12 Teller mit jeweils 8 Muffins zum Kuchenstand. Paul bringt noch ein Blech mit 16 Muffins.

b)

$24 \cdot (5 + 120)$
$(24 \cdot 5) + 120$
$21 \cdot (15 + 85)$
$(21 \cdot 15) + 85$
$67 \cdot (34 + 16)$
$(67 \cdot 34) + 16$

$180 + (12 \cdot 5)$
$(180 + 12) \cdot 5$
$(369 - 135) : 9$
$369 - (135 : 9)$
$216 - (2 \cdot 108)$
$(216 - 2) \cdot 108$

$(412 \cdot 5) + 2\,060$
$(312 : 3) + 1\,896$
$2\,475 - (75 \cdot 6)$
$10\,000 - (45 \cdot 11)$
$568 + (36 \cdot 12)$
$1\,972 + (364 : 13)$

> Zuerst muss ich …

Ⓛ 0, 26, 240, 240, 354, 400, 960, 1 000, 2 000, 2 000, 2 025, 2 100, 2 294, 3 000, 3 350, 4 120, 9 505, 23 112

c) Erzähle zu einigen Aufgaben von b) Rechengeschichten!

Sommerfest in der Grundschule am Wall

Lest, was die Schule zum Sommerfest alles anbietet!
Löst die Aufgaben und spielt die Spiele!

1

a) Für die Theateraufführung werden zweimal 45 Stühle und dreimal 24 Stühle aufgestellt. Wie viele Stühle sind das insgesamt?

b) Ein Viertel aller Schüler der Schule spielt beim Theater mit.
4 Gruppen mit je 4 Kindern stellen Heinzelmännchen und 2 Gruppen mit je 3 Kindern stellen Faultiere dar. 18 Kinder treten als Chorsänger auf. Wie viele Kinder gehören zur Grundschule?

2

Für die Sportspiele haben sich insgesamt 66 Kinder angemeldet.
8 Gruppen mit je 6 Kindern wollen Völkerball spielen. Die restlichen Kinder nehmen an lustigen Staffelspielen teil.

a) Wie viele Kinder haben sich für die Staffelspiele angemeldet?

b) Wie viele Kinder könnten jeweils eine Staffel bilden?

3 Würfelspiel

Jeder Spieler würfelt mit 3 Spielwürfeln. Dann versucht jeder mit seinen gewürfelten Augenzahlen so zu rechnen, dass er eine Zehnerzahl erhält.
Wem das gelingt, der erhält einen Punkt.

Beispiel:

$$4 \cdot (3+2) = 20$$
$$\text{oder } 3 \cdot 2 + 4 = 10$$

4 Legespiel (Partnerspiel)

a) Jeder Spieler stellt aus den Karten eine Aufgabe so zusammen, dass er ein möglichst großes Ergebnis erhält. Wer von beiden die größere Ergebniszahl hat, erhält einen Punkt. Danach wird um das kleinste Ergebnis gespielt.

b) Stellt selbst andere Karten her und spielt mit ihnen!

Durchschnittsberechnungen

1 Die Kinder einer Dresdner Schule erkundeten, wie viele Haustiere durchschnittlich im Haushalt eines Viertklässlers ihrer Schule sind. Sie legten dann eine Tabelle an.

Klasse	Hunde	Katzen	Hamster	Vögel	Fische
4 a	3	4	2	10	36
4 b	9	5	2	4	110
4 c	6	6	8	1	376

Durchschnittsrechnung	3 + 9 + 6 = 18 18 : 3 = 6	4 + 5 + 6 = 15 15 : 3 = 5			
durchschnittliche Anzahl der Tiere	6	5	4		

a) Finde heraus, wie die Kinder die durchschnittliche Anzahl der Hunde und die durchschnittliche Anzahl der Katzen berechnet haben! Ergänze die Durchschnittsberechnung für die Hamster!

b) Berechne für die Kinder aller 4. Klassen der Schule die durchschnittliche Anzahl aller Vögel und die durchschnittliche Anzahl aller Fische!

2 Addiere die fünf Zahlen! Dividiere dann die Summe durch 5!

a) 123	b) 234	c) 345	d) 1210	e) 871	f) Erfinde selbst eine solche
124	235	355	2214	904	Aufgabe!
125	236	365	3218	1002	
126	237	375	4222	963	
127	238	385	5226	1015	

Was fällt dir auf?

3 Wähle drei verschiedene Zahlen zwischen 0 und 9 aus!
Bilde aus diesen Zahlen alle möglichen dreistelligen Zahlen!
Addiere alle dreistelligen Zahlen! Dividiere dann die Summe durch 6!
Was fällt dir auf? Probiere mit verschiedenen Zahlen!

Findet in der Tageszeitung Angaben zum Durchschnitt!
Stellt diese Angaben in der Klasse vor und sprecht darüber!

| 3·8·5 | 6·10·7 | 4·8·12 | 4·21·5 | 17·14·0 | 68·10·2 |
| 7·3·9 | 100·4·8 | 13·5·4 | 5·33·4 | 10·40·1 | 86·20·0 |

1

Was geschieht durchschnittlich in einer Woche?

Dina beobachtet eine Woche lang, wie viel Zeit sie für die Hausaufgaben benötigt:

Mo	Di	Mi	Do	Fr
40 min	35 min	50 min	45 min	20 min

a) Berechne Dinas durchschnittliche Hausaufgabenzeit pro Tag!

b) Paul erzählt: „Ich bin in meinem Schwimmverein am Montag 2 h 10 min geschwommen, am Mittwoch 1 h 50 min und am Freitag 2 h 15 min."
Wie viel Minuten ist Paul durchschnittlich an den 3 Tagen geschwommen?

2 Fatima erforscht die Schüleranzahl ihrer Schule. Berechne die durchschnittliche Anzahl der Kinder in jeder Klassenstufe!

Klassenstufe	1	2	3	4
Anzahl	46	49	51	54

3

Wetterlage	6. Juli bis 11. Juli					
	Di	Mi	Do	Fr	Sa	So
Heute wieder heiß und sehr sonnig.	28 16	24 14	25 13	26 14	24 14	23 13

a) Berechne die durchschnittliche Tageshöchsttemperatur dieser Woche!

b) Berechne den Durchschnitt der angegebenen Nachttemperaturen!

c) Notiere eine Woche lang die Tageshöchsttemperaturen und berechne den Durchschnitt dieser Temperaturen!

4 Pawels Eltern planen eine Reise in den Süden. Sie erkunden die Preise für die Flüge.

Mallorca pro Person	**Costa del Sol** Málaga pro Person	**Costa Blanca** Alicante pro Person
351 €	412 €	460 €

Berechne den Durchschnittspreis der 3 Reisen!

5 Berechne jeweils den Durchschnitt!

a)	b)	c)	d)
1,51 m	0,65 m	44,30 kg	1,85 l
1,49 m	0,64 m	41,50 kg	2,25 l
1,47 m	0,68 m	48,7 kg	2,10 l
1,53 m	0,67 m	39,5 kg	2,00 l

Woher könnten die Maße stammen?

Erkunde selbst Angaben wie in den Aufgaben 1 bis 5!
Berechne dazu den Durchschnitt!

Vergrößern und Verkleinern

1 Dominik betrachtet in einem Tierlexikon zwei Bilder. Er überlegt, ob die Tiere wirklich so groß sind wie auf den Bildern. Was meinst du?

Welche Redewendung fällt dir zu den Fotos ein?

Mücke

Elefant

2

vergrößert

verkleinert

a) Ein Kind legt mit Dreiecken und Vierecken des Legematerials die kleinen Figuren nach, das andere Kind die großen.

b) Stellt euch gegenseitig weitere solche Aufgaben!

3 Lege jede Figur zuerst mit Stäbchen nach! Nimm dann Stäbchen weg oder lege Stäbchen so um, dass jede Seite nur halb so lang ist wie vorher!

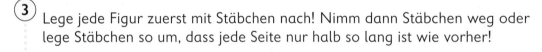

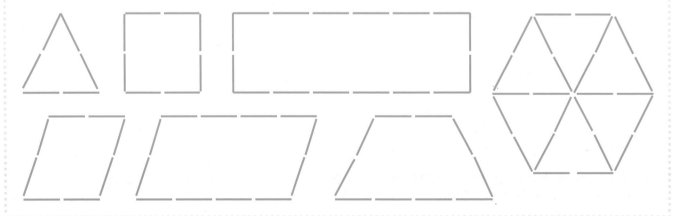

1 Übertrage jede Figur zuerst in dein Heft! Zeichne dann eine Figur, bei der jede Seite doppelt so lang ist wie die in der zuerst gezeichneten Figur!

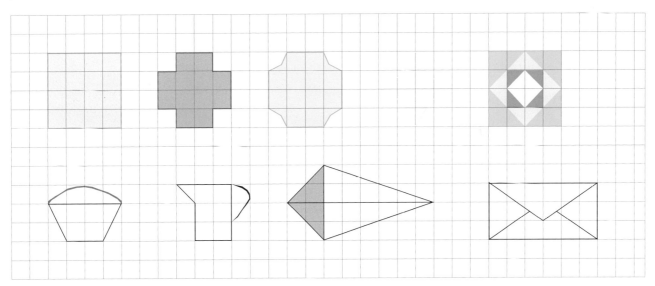

2 Zeichne mit den Augen jeweils eine verkleinerte Figur! Nenne Punkte, die du dazu mit den Augen verbindest! Finde verschiedene Lösungen!

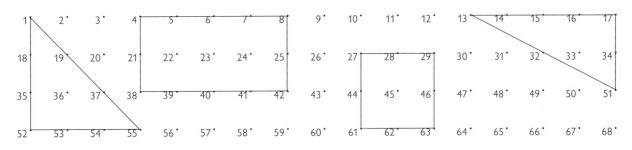

3 a) Laura will eine Schmuckkarte basteln und sucht eine Blume zum Abzeichnen.
In einem Katalog hat sie eine kleine Rose gesehen, die ihr gefällt. Da das Bild so klein ist, möchte sie die Rose größer aufzeichnen. Erkläre, wie Laura das macht!

b) Vergrößere auf diese Weise selbst eine Zeichnung, ein Bild oder einen Wegeplan!

c) Finde heraus, ob es Zeichengeräte gibt, mit denen du noch schneller eine kleine Figur in eine größere oder eine große Figur in eine kleine verwandeln kannst!

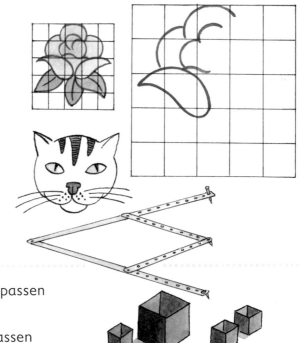

4 a) Wie viele Quadrate mit der Seitenlänge 5 cm passen in ein Quadrat mit der Seitenlänge 10 cm?

b) Wie viele Würfel mit der Kantenlänge 5 cm passen in einen Würfel mit der Kantenlänge 10 cm?

Maßstäbe

1 Die Klasse 4 a will eine Klassenfahrt nach Warnemünde an der Ostsee machen.
Zur Planung der Fahrt haben Kinder von zu Hause zwei Karten mitgebracht.

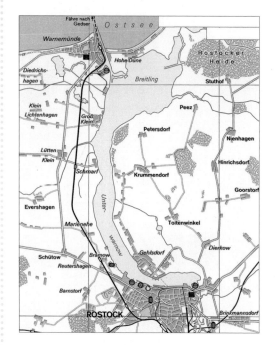

Maßstab 1 : 100 000   Maßstab 1 : 500 000

a) Wie sind die verschiedenen Darstellungen der Stadt Rostock zu erklären?
   Wozu braucht man solche verschiedenen Darstellungen?

b) Wie könntest du herausfinden, wie viel Kilometer es ungefähr von der Rostocker Innenstadt
   bis zum Ortsteil Warnemünde sind?

2 Beim Maßstab 1:100 000 (lies: eins zu einhunderttausend) ist eine Originalstrecke so
verkleinert dargestellt, dass 1 cm auf der Karte 100 000 cm = 1 000 m = 1 km in der Natur sind.

a) Lies die Angaben der Tabelle und ermittle die fehlenden Größenangaben!

Maßstab	Strecke		Beispiele
	im Bild	im Original	
1 : 100 000	1 cm	100 000 cm = 1 000 m = 1 km	Landkarten
1 : 50 000	1 cm	50 000 cm = 500 m	Touristenkarten
1 : 25 000	1 cm	25 000 cm	Wanderkarten
1 : 15 000	1 cm		Stadtpläne
1 : 1 000	1 cm		Gebäudepläne
1 : 100	1 cm		Raumpläne

b) Suche in Karten, Plänen und Zeitschriften nach Beispielen für Maßstäbe und
   schreibe auf, was sie bedeuten!

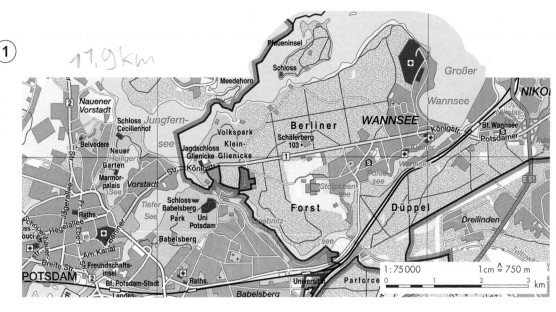

1

Die Kinder der Klasse 4a wollen eine Schifffahrt von Berlin-Wannsee nach Potsdam machen.

11,9 km

1:75 000   1 cm ≙ 750 m

a) Miss, wie lang auf der Karte die Entfernung zwischen den Anlegestellen am S-Bahnhof Berlin-Wannsee und in der Potsdamer Innenstadt ungefähr ist!

b) Rechne aus, wie viel Kilometer der Dampfer ungefähr fahren müsste!

c) Weshalb wird die errechnete Zahl der Kilometer nicht mit der Zahl der wirklich gefahrenen Kilometer übereinstimmen?

2

a) Beschreibe den Weg vom S-Bahnhof Berlin-Friedrichstraße bis zum Reichstag!

b) Miss und rechne aus, wie viel Meter du vom S-Bahnhof Berlin-Friedrichstraße bis zum Reichstag laufen musst!

c) Bestimme die Zeit, die du für diesen Fußweg ungefähr brauchen wirst!

1: 25 000   1 cm ≙ 250 m

0   250   500   750   m

d) Stellt euch gegenseitig Aufgaben zu diesem Stadtplanausschnitt!

3

Tinas Freundin will ihr Kinderzimmer umräumen. Sie möchte vorher ausprobieren, wie sie ihre Möbel hinstellen könnte. Sie hat deshalb für das Zimmer und die sich jetzt darin befindenden Möbel eine Zeichnung im Maßstab 1 : 100 angefertigt.

a) Wie lang und wie breit ist das Kinderzimmer?

b) Welche Maße für die Möbel kannst du aus der Zeichnung ablesen?

c) Übertrage die Zeichnung für die Möbel auf Karopapier und schneide sie aus!
Probiere dann aus, wie die Möbel auch anders angeordnet werden könnten!

d) Fertige selbst von einem Zimmer eine solche Zeichnung an!

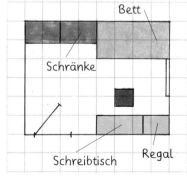

Üben von Station zu Station

Station 1 Kopfrechnen

a) $7 \cdot 9$
$15 + 66$
$38 - 19$
$66 : 3$

b) $260 + 450$
$440 : 40$
$510 - 320$
$700 \cdot 806$

c) $(8 + 15 - 6 + 17 - 9) \cdot 5 =$ ▢
$(69 + 96 - 14 + 49) : 4 =$ ▢

Station 2 Schriftliches Rechnen

a)
```
   4158          2172
 + 3621        −  605
 +  980        −  415
```

b) $631 \cdot 17$
$420 \cdot 53$
$891 \cdot 98$

c) $3930 : 5$
$54252 : 9$
$28966 : 7$

Station 3 Tabellen

·	3	6	12	24
14				
	84			

−	145	
6897		
4786		4523

:	2	5	
7350			
9080		908	

Station 4 Gleichungen, Ungleichungen

a) $1820 +$ ▢ $= 3500$
$3675 -$ ▢ $= 2964$
▢ $- 764 = 4809$
▢ $+ 613 = 5044$

b) $3 :$ ▢ $= 2589$
$640 :$ ▢ $= 4$
▢ $\cdot 7 = 6657$
▢ $: 6 = 331$

c) $997 +$ ▢ < 1001
$2005 -$ ▢ > 2001

$65 + 7 \cdot$ ▢ < 100
$142 - 24 :$ ▢ > 133

Station 5 Rechenbefehle

a)
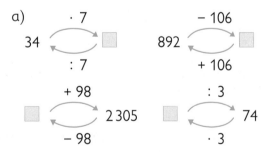

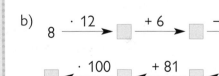

b)
$8 \xrightarrow{\cdot 12}$ ▢ $\xrightarrow{+ 6}$ ▢ $\xrightarrow{- 45}$

▢ $\xleftarrow{\cdot 100}$ ▢ $\xleftarrow{+ 81}$ ▢ $\xleftarrow{: 3}$ ▢

Station 6 *Rechenrätsel*

Wenn du vom Vierfachen einer Zahl 10 subtrahierst, erhältst du 50.

Wenn du zum Doppelten einer Zahl die Hälfte dieser Zahl addierst, dann erhältst du 100.

Peter hat doppelt so viele Brüder wie Schwestern, seine Schwester fünfmal so viele Brüder wie Schwestern. Wie viele Söhne und Töchter gehören zu Peters Familie?

 Ergänze eine weitere Station mit Aufgaben, die für dich wichtig sind!

Aus der Knobelkiste

1 Kevin hat mit den Ziffern seines Geburtsjahres Gleichungen gebildet:

$1 \cdot 9 - 9 + 2 = 2$ $1 + 9 : 9 + 2 = 4$

$1 + (9 + 9) : 2 = 10$ $(1 + 9 \cdot 9) : 2 = 41$

Wer findet für sein eigenes Geburtsjahr die meisten Gleichungen?

2 Lisa hat in mathematischen Fachbegriffen die Buchstaben durcheinander gebracht:

KLUGE, PULS, LEITER, MEMUS, PATZER, DICKERE, ZYNDERLI

Ordne die Buchstaben wieder! Erläutere, was die Begriffe bedeuten!

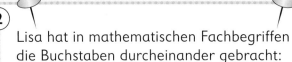

3 Welche Zahl erhältst du, wenn du zur Differenz des Produktes der Zahlen 5 und 18 und des Quotienten der Zahlen 108 und 9 die Zahl 22 addierst?

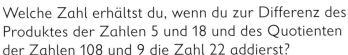

4 a) Rechne und vergleiche:

$5 \cdot \ 295$ und $59 \cdot \ \ 25$,
$2 \cdot 8919$ und $\ 9 \cdot 1982$,
$3 \cdot 7928$ und $\ 8 \cdot 2973$,
$5 \cdot 5946$ und $\ 6 \cdot 4955$!

b) Finde passende Aufgaben zu $4 \cdot 2317$; $4 \cdot 4627$ und $4 \cdot 6937$! Überprüfe durch Rechnen!

6

```
1
3    5
7    9   11
13   15   17   19
21   23   25   27   29
31   33   35   37   39   41
43   45   47   49   51   53   55
```

a) Welches gemeinsame Merkmal haben die Zahlen des Zahlendreiecks?

b) Übertrage das Zahlendreieck in dein Heft und ergänze die nächsten beiden Zahlenreihen!

c) Welche Besonderheiten kannst du bei den jeweils untereinanderstehenden Zahlen entdecken?

d) Addiere die Zahlen jeder Zeile! Was kannst du bei den Zeilensummen entdecken?

5 *Schreibe möglichst viele Gleichungen auf, die links vom Gleichheitszeichen entweder 2 Neunen, 3 Achten, 4 Siebenen, 5 Sechsen, 6 Fünfen, 7 Vieren, 8 Dreien, 9 Zweien oder 10 Einsen haben!*

$2 \cdot 2 \cdot 2 \cdot 2 \cdot 2 \cdot 2 \cdot 2 \cdot 2 \cdot 2 = 512$

$9 : 9 = 1$ $7 - 7 + 7 - 7 = 0$

$(8 + 8) : 8 = 2$

$(6 + 6) : 6 + 6 : 6 = 3$

Das kann ich schon!

Multiplizieren

6	·			4	1	0	=		2 4 6 0
3	·		5	6	0	0	=	1 6 8 0 0
7	·	1	9	0	0	0	=	1 3 3 0 0 0

5 ·	6 0	=	3 0 0
4 ·	3 0 0	=	1 2 0 0
3 0 ·	8 0 0	=	2 4 0 0 0
4 0 0 ·	2 0 0 0	=	8 0 0 0 0 0

$$1932 \cdot 43$$
$$7728$$
$$5796$$
$$\underline{83076}$$

300 Faktor	·	60 Faktor	=	18 000 Produkt
	Produkt			

Dividieren

6 3 0 0 0 : 7 0 0	=	9 0
2 8 0 0 0 :	4	= 7 0 0 0
7 2 0 0 :	8 0	=	9 0
3 5 0 :	7	=	5 0
7 2 0 :	6 0	=	1 2
2 4 0 0 : 2 0 0	=	1 2
4 0 8 0 0 : 4 0 0	=	1 0 2

$$351 : 6 = 58 \; Rest \; 3$$
$$30$$
$$51$$
$$48$$
$$3$$

2 400 Dividend	:	40 Divisor	=	60 Quotient
	Quotient			

---

① <, > oder =?

a) 600 ⬤ 80 · 8 \qquad b) 200 · 60 ⬤ 300 · 4
280 ⬤ 8 · 30 \qquad\qquad 7 000 · 80 ⬤ 800 · 70
420 ⬤ 60 · 7 \qquad\qquad 700 · 9 ⬤ 70 · 90

② Rechne mit Pfiff!
a) 50 · 960 \qquad b) 5 · 3 678 · 2
500 · 72 \qquad\quad 20 · 471 · 50
7 · 290 \qquad\qquad 236 · 25 · 4

③ Überschlage zuerst, dann rechne schriftlich!

a) 942 · 36 \quad b) 1 471 · 47 \quad c) 10,08 € · 25
809 · 87 \qquad 2 063 · 16 \qquad 8,60 € · 12
651 · 13 \qquad 4 342 · 59 \qquad 0,78 m · 26

d) Erzähle zu einer Aufgabe eine Geschichte!

④ a) Berechne das Produkt der Zahlen 500 und 48!   b) Zerlege das Produkt 2 400 in Faktoren!

⑤

:	80	200	4	100
32 000				
5 600				
960 000				
80 000				
4 800				

⑥ Rechne mit Pfiff!
a) 7 000 : 50 \qquad b) 870 : 30
6 500 : 50 \qquad\quad 7 600 : 400
81 000 : 500 \qquad 11 400 : 600

⑦ Überschlage zuerst, dann rechne genau!

a) 676 : 4 \quad b) 396 : 5 \quad c) 11,40 € : 6
414 : 9 \qquad 685 : 7 \qquad 216,40 € : 8
4 578 : 7 \qquad 3 814 : 3 \qquad 3,840 kg : 4
5 724 : 6 \qquad 2 426 : 9 \qquad 38,4 km : 3

d) Erzähle zu einer Aufgabe eine Geschichte!

⑧ Der Quotient ist 6 000. Welche Dividenden und Divisoren findest du?

Das kann ich schon!

Aufgaben mit verschiedenen Rechenarten

$4\,200 : 6 \qquad + 300 = 1000$
$\quad 300 + 4\,200 : \quad 6 = 1000$
$(300 + 4\,200) : \quad 6 = \quad 750$

(9) a) $\quad 7\,500 - 5\,400 \;:\; 6$
$\qquad (61\,000 - 5\,000) : 70$
$\qquad\quad 30 \cdot (90 + \quad 60)$
$\qquad\quad 600 \cdot \quad 30 + 1\,800$

Denke an die Regeln!

b) Gib mehrere Lösungen an!

$\quad 7 \cdot \quad 300 + a < 2\,325$
$\quad b - 2\,400 : 80 > 6\,000$

Einheiten der Zeit

1 s ⌐
    60
1 min ⌐
    60
1 h ⌐
    24
1 Tag ⌐

1 Tag ⌐
   7
1 Woche ⌐
   ≈ 4
1 Monat ⌐ ≈ 52
   12
1 Jahr ⌐   365 (366)

(10) a)

Stunden		240		2 160
Tage	3		80	

b) Bilde Paare!

ein Wochenende

2 700 s

2 880 min

von 8:15 Uhr bis 10:23 Uhr

1 Jahr

128 min

eine Schulstunde

Viereck, Dreiecke, Kreise

d   r
M

(11) Kann das sein? Begründe!

In einem Kreis ist ein Radius immer halb so lang wie ein Durchmesser.

Jedes Viereck hat 4 rechte Winkel.

In keinem Dreieck gibt es zueinander parallele Seiten.

Wenn 2 Rechtecke den gleichen Flächeninhalt haben, dann sind auch ihre Umfänge immer gleich.

Sachaufgaben

Ich lege eine Tabelle an.

Ich überschlage nur!

(12) Ein Formel-1-Rennen ist etwa 300 km lang. Wie viele Runden sind das ungefähr auf den einzelnen Formel-1-Rennstrecken? Nutze dazu die Tabelle auf Seite 41! Du kannst zur Kontrolle im Internet nachsehen.

 Schreibe wichtige Regeln und Aufgaben in dein Merkbüchlein!

5. Übungen, Knobeleien und Projekte

Wie Menschen früher zählten und rechneten

1

a) Vor mehreren tausend Jahren ritzten die Menschen Kerben in Knochen oder in ein Stück Holz, um die Zahl der Schafe einer Herde oder die Zahl der Tage bis zur Ernte anzugeben.
Im Jahre 1937 fand man auf dem Gebiet des heutigen Tschechiens einen über 10 000 Jahre alten Wolfsknochen, der 55 tief eingeschnittene Kerben aufwies.
Was könnten die Kerben bedeuten?

b) Welche Zahlen sind auf den Holzstücken eingeritzt?

 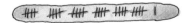

2 Zum Zählen und Rechnen wurden auch die Finger und Zehen verwendet.
Wenn zum Beispiel die Vorfahren mexikanischer Indianer ihre erbeuteten Tiere einer Jagd zählten, mussten sich einige Männer aufstellen und als „Zählmaschine" dienen.
Dann begann der Häuptling zu zählen, indem er den rechten Daumen des ersten Mannes berührte, danach den rechten Zeigefinger …

a) Erkläre mit Hilfe des Bildes, wie der Häuptling bis 40 zählen konnte!

b) Ein Häuptling zählte bis zum linken Daumen des dritten Mannes. Wie viele Tiere hatten die Männer des Stammes erbeutet?

c) Nach dem Fischen zählte ein Indianer bis zur letzten Zehe eines vierten Mannes.
Wie viele Fische hatten die Männer gefangen?

3 Als vor etwa 600 Jahren spanische Seefahrer in Südamerika landeten, staunten sie über die Zähl- und Rechenmethoden der Einwohner, der Inkas. Zum Zählen und Rechnen benutzten die Inkas etwa 50 cm lange Schnüre, auf denen in regelmäßigen Abständen Knoten mit dünnen Schnüren angeordnet waren.

a) Welche Zahlen sind auf den Schnüren dargestellt?

b) Knüpfe Knotenschnüre für die Zahlen 4, 17, 80, 201, 1011!

Darstellung der Zahlen 1 bis 9 sowie der Zahl 3 643 nach der Methode der Inkas:

1
2
3
4
5
6
7
8
9

Tausender

Hunderter

Zehner

Einer

Römische Zahlzeichen

1 In Europa verwendeten die Menschen bis vor etwa 600 Jahren hauptsächlich römische Zahlzeichen. Noch heute findest du sie an Gebäuden oder auf Uhren.

Welche Zahlen sind es? Welche römischen Zahlen kennst du außerdem?

2 In der römischen Zahlschrift verwendet man folgende Zeichen:

Und wo ist das Zeichen für die Null?

I	V	X	L	C	D	M	$\overline{X}$
1	5	10	50	100	500	1000	10 000

a) Das System der römischen Zahlschrift kannst du erkennen, wenn du die römischen Zahlzeichen bis 20 untersuchst:

I	bedeutet: 1	XI	bedeutet:
II	bedeutet: 1 + 1	XII	bedeutet:
III	bedeutet:	XIII	bedeutet:
IV	bedeutet: 5 – 1	XIV	bedeutet:
V	bedeutet: 5	XV	bedeutet:
VI	bedeutet:	XVI	bedeutet:
VII	bedeutet:	XVII	bedeutet:
VIII	bedeutet:	XVIII	bedeutet:
IX	bedeutet:	XIX	bedeutet:
X	bedeutet:	XX	bedeutet:

b) Schreibe mit römischen Zahlzeichen
 – die Zahlen von 21 bis 30,
 – die Zehnerzahlen bis 100,
 – die Zahl 2000,
 – die Zahlen 77, 102 und 132!

c) Schreibe mit unseren Zahlen
 – XXXIII, LI, XL, LX, LXIII,
 – CI, CV, CD, CVI, CXXV,
 – DC, DCI, DCXI, DCCXI,
 – MC, MX, MDCL, MDCLXVI!

3 Rechne!

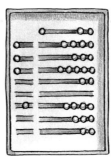

a)	V + III	b)	VIII + III	c)	III · III	d)	XV : III
	IV + IV		XI + V		C · II		XXX : III
	X + VI		XXIV + XV		LX · IV		CLX : X
	XX + XX		L + XXX		XV · X		C : V

Für das Rechnen mit großen römischen Zahlen benutzte man früher den Abakus, ein Rechenbrett.

4 Mit römischen Zahlzeichen kann man viele Knobelaufgaben bilden:

a) Lege immer ein Stäbchen so um, dass richtig gelöste Aufgaben entstehen!

V + IV = XI
IX – I = IX

b) Lege immer zwei Stäbchen dazu, damit richtig gelöste Aufgaben entstehen!

XV + V = XXII
XVI – I = X

Zufallsexperimente

1 Experiment: Glückskreisel

a) Bastelt aus Pappkarton und einem Stäbchen einen 8-eckigen Glückskreisel! Bezeichnet die Kreiselteile wie im nebenstehenden Bild mit den Zahlen von 1 bis 8!

b) Stellt euch vor:
Ihr dreht 30-mal den Kreisel.
Vermutet, welches von den folgenden Ergebnissen ihr

- immer,
- sehr häufig,
- häufig,
- selten,
- gar nicht erhaltet!

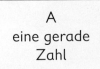

| A eine gerade Zahl | B eine ungerade Zahl | C die Zahl 4 | D eine Zahl, die größer als 2 ist |

c) Prüft eure Vermutungen durch ein Experiment!
Legt dazu eine Strichliste an! Was stellt ihr fest?
Vergleicht mit den Strichlisten anderer Kinder!

d) Nennt ein anderes Ergebnis, das man wahrscheinlich genauso häufig wie das Ergebnis C erhält!

Ergebnis	Anzahl
A	
B	
C	
D	

2 Experiment: Würfel

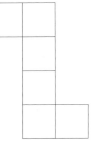

a) Stell dir vor: Du bastelst aus dem Würfelnetz einen Würfel.
Überlege nun:
Wie kannst du jede Fläche des Würfelnetzes entweder rot oder blau färben, damit beim Würfeln
- eine rote Fläche oben wahrscheinlicher ist als eine blaue,
- eine blaue Fläche oben wahrscheinlicher ist als eine rote,
- eine rote oder blaue Fläche mit gleichen Chancen oben liegt?

b) Lars behauptet: Für jeden der 3 Fälle gibt es verschiedene Lösungen.
Hat Lars Recht? Begründe!

c) Prüfe deine Vermutung!
Färbe dazu mehrere Würfelnetze auf verschiedene Weise und bastle aus den Netzen Würfel! Dann würfle mit jedem Würfel 20-mal!
Was stellst du fest? Vergleiche mit den Ergebnissen anderer Kinder!

| 27 + 3 · 15 | 150 : 3 + 47 | 270 − 70 : 5 | 19 · 9 + 19 | 98 − 11 + 11 |
| 68 − 8 · 6 | 640 : 4 − 44 | 270 : 5 − 7 | 21 · 9 − 19 | 11 · 11 − 98 |

1. Experiment: Kugeln ziehen „2 aus 4"

Anne zieht 2 Kugeln, schreibt die gezogenen
Zahlen auf und legt die Kugeln wieder zurück.
Dann wiederholt sie dieses Experiment 30-mal.

a) Vermutet: Welche der folgenden Ergebnisse
könnte sie am häufigsten erhalten haben?

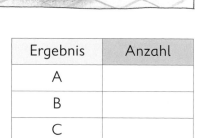

> Du kannst
> eine 1, 2, 3 oder
> eine 4 ziehen.

A
Es sind 2 gerade Zahlen.

B
Es sind 2 ungerade Zahlen.

C
Es sind eine gerade und eine ungerade Zahl.

b) Prüft eure Vermutung durch ein Experiment!
Legt dazu eine Strichliste an! Was stellt ihr fest?

c) Welche Zahlen können auf den beiden gezogenen
Kugeln sein? Schreibt alle Möglichkeiten auf!

d) Vergleicht eure Ergebnisanzahlen zu den Aufgaben
a, b und c! Was fällt euch auf?

Ergebnis	Anzahl
A	
B	
C	

2.

a) Bruno hat beim Experiment „Kugeln ziehen"
jeweils die Summe der beiden gezogenen
Zahlen berechnet und behauptet nun:

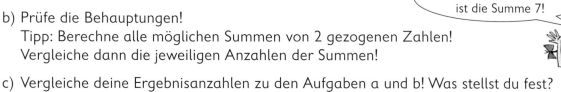

1.
Die Summe der beiden gezogenen Zahlen ist häufiger 5 als 3.

2.
Die Summe 7 ist genauso wahrscheinlich wie die Summe 3.

3.
Als Summe kommt eine gerade Zahl häufiger als eine ungerade Zahl vor.

4.
Die Summe 8 ist unmöglich.

Was sagst du zu Brunos Behauptungen?

b) Prüfe die Behauptungen!
Tipp: Berechne alle möglichen Summen von 2 gezogenen Zahlen!
Vergleiche dann die jeweiligen Anzahlen der Summen!

> Nur in 2 von 12 Fällen
> ist die Summe 7!

c) Vergleiche deine Ergebnisanzahlen zu den Aufgaben a und b! Was stellst du fest?

480 · 10	48 · 200	750 : 5	750 · 0	300 + 5 · 20
480 : 10	480 · 100	750 : 50	750 : 0	(300 + 5) · 20

Lernen am Computer

1 Die Klasse 4a erarbeitet eine Schulchronik.
Adrian und Tim haben die Anzahl der
Schulanfänger der letzten 8 Jahre erkundet:

1997:   91 Schulanfänger
1998:   84 Schulanfänger
1999:   75 Schulanfänger
2000:   78 Schulanfänger
2001:   88 Schulanfänger
2002:   96 Schulanfänger
2003:   92 Schulanfänger
2004: 100 Schulanfänger

Tim erstellt hierfür am Computer eine Tabelle
und dann ermittelt er die durchschnittliche
Anzahl der Schulanfänger für diese acht Jahre.

a) Erkundet für die letzten Jahre die Zahlen der
Schulanfänger an eurer Schule! Fertigt hierzu
auch eine Tabelle und ein Streifendiagramm
an! Berechnet dann die durchschnittliche Zahl
der Schulanfänger eurer Schule!

b) Vergleicht eure Zahlen mit den Zahlen der
Klasse 4a!

2 Tara zeichnet am Computer
Quadrate, Rechtecke und Kreise.
Lars entwirft ein Muster.
Welche Figuren kannst du am
Computer zeichnen?
Wie kann man am Computer
Figuren vergrößern oder ver-
kleinern?

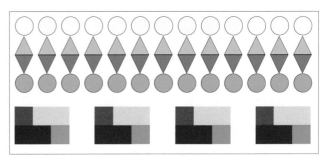

3 In der Freiarbeit

Tim übt mit der CD-ROM:

Lara knobelt an der Aufgabe des Monats:

Entschlüssle!

VIER	VIER	Beachte:
+ VIER	− ZWEI	Gleiche Buchstaben
ACHT	ACHT	bedeuten auch gleiche Ziffern.

a) Wähle auch Aufgaben zum Üben oder Knobeln am Computer aus und löse sie!

b) Sprecht gemeinsam über eure Erfahrungen beim Lernen am Computer!

Aufgabenbriefe

1 Die Kinder der Klasse 4 b haben Aufgabenbriefe zum
Multiplizieren und Dividieren geschrieben.

a) Wählt Briefe aus, löst die Aufgaben und schreibt Antwortbriefe!

Übt mit, bleibt fit!

1. $315 \cdot 5$ 2. $6981 : 3$
   $726 \cdot 12$ $53085 : 5$
   $814 \cdot 30$ $69104 : 7$
   $98 \cdot 42$ $80937 : 9$

Weil ich fleißig geübt habe, kann ich es
jetzt und es macht Spaß. Eure Jacci

Für alle, die gern reisen

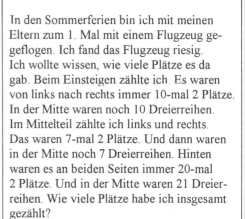

In den Sommerferien bin ich mit meinen
Eltern zum 1. Mal mit einem Flugzeug ge-
geflogen. Ich fand das Flugzeug riesig.
Ich wollte wissen, wie viele Plätze es da
gab. Beim Einsteigen zählte ich. Es waren
von links nach rechts immer 10-mal 2 Plätze.
In der Mitte waren noch 10 Dreierreihen.
Im Mittelteil zählte ich links und rechts.
Das waren 7-mal 2 Plätze. Und dann waren
in der Mitte noch 7 Dreierreihen. Hinten
waren es an beiden Seiten immer 20-mal
2 Plätze. Und in der Mitte waren 21 Dreierreihen. Wie viele Plätze habe ich insgesamt
gezählt?

Eure Franzi

An alle Kinder!

wichtig!   *wichtig!*

1. Wandelt immer in die
   nächst kleinere Einheit um!

a) $7,281$ kg   b) 15 min
   $0,521$ l 8 h
   $6,1$ l 33 Uhr
   $2,9$ km 65 Jahre

viel Spaß wünscht euch Kay

Für schnelle Rechner!

In wie viel Sekunden schaffst du es,
alle Aufgaben richtig zu lösen?
Lass die Zeit von einem Mitschüler stoppen!

1. $700 \cdot 5$ 2. $8100 : 9$ 3. $3 \cdot 4 \cdot 5$
   $90 \cdot 60$ $36000 : 4$ $2 \cdot 4 \cdot 6$
   $500 \cdot 0$ $45000 : 50$ $8 \cdot 5 \cdot 7$
   $110 \cdot 30$ $77000 : 0$ $9 \cdot 6 \cdot 5$

4. $(899 + 1) \cdot 7$
   $899 + 1 \cdot 7$
   $475 + 25 : 5$
   $(475 + 25) : 5$

Superschnelle Rechner
melden sich bitte
bei Laura.

b) Schreibt euch gegenseitig Aufgabenbriefe!

Geometrische Übungen von Station zu Station

Station 1 Achsensymmetrische Figuren

Übertrage die Figuren in dein Heft!
Zeichne Symmetrieachsen ein!

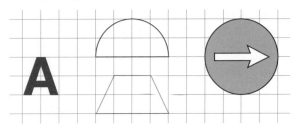

Station 2 Drehsymmetrische Figuren

Prüfe, ob die Figuren drehsymmetrisch
sind!

Station 3 Ansichten

A

B

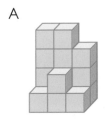

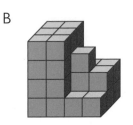

a) Aus wie vielen kleinen Würfeln besteht
   jedes Bauwerk?

b) Zeichne von jedem Bauwerk die Ansicht
   von vorn, von links, von oben!

Station 4 Fehlersuche

Warum sind die Figuren weder achsensymmetrisch noch drehsymmetrisch? Begründe
jeweils!

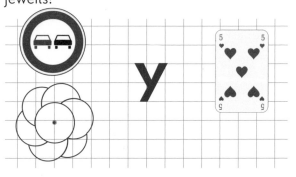

Station 5 Vierecke

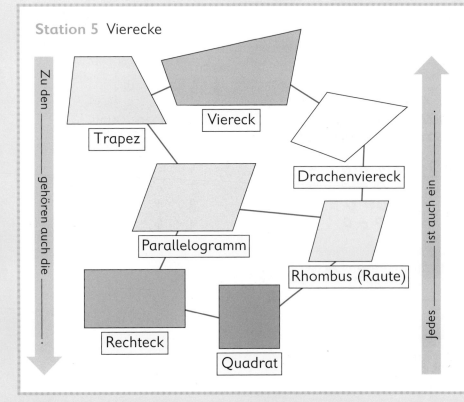

Erforsche das nebenstehende
System der Vierecke!
Löse dazu folgende
Aufgaben:

a) Ist jedes Quadrat ein
   Rechteck? Begründe!

b) Sind alle Rauten auch
   Quadrate? Begründe!

c) Welche Vierecke haben
   zueinander parallele
   Seiten?

d) Ergänze die Sätze in
   den Pfeilen! Gib jeweils
   verschiedene
   Möglichkeiten an!

Aus der Knobelkiste

① Stäbchen legen

a) Lege 12 gleich lange Stäbchen so zu drei Quadraten zusammen:

b) Lege nun vier Stäbchen so um, dass du vier gleich große Quadrate erhältst!

c) Lege 12 Stäbchen zu anderen Figuren zusammen!
Fertige Skizzen von diesen Figuren an!

② Ziffern finden

Finde immer die fehlenden Zahlen für eine richtige Rechnung !
Erkläre, wie du die Zahlen gefunden hast!

a) $3\,7\,8\,1 \cdot *$
$\underline{*\,8\,9\,*\,5}$

b) $3\,*\,2\,* \cdot 7$
$\underline{*\,*\,8\,9\,6}$

c) $53 \cdot **$
$**$
$***$
$\underline{1\,***}$

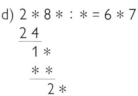

d) $2*8* : * = 6*7$
$\underline{2\,4}$
$1\,*$
$\underline{*\,*}$
$2\,*$
$\underline{*\,*}$
0

③ Magische Quadrate bilden

1	10	
15	9	

Setze in die freien Felder Zahlen so ein, dass das Produkt der Zahlen in jeder Zeile und in jeder Spalte 270 ist!

④ Zahlwörter finden und verstecken

a) Welche Zahlwörter enthält der folgende Satz?
Ein Seehund reißt das Maul ganz weit auf, zeigt die Zähne und sieht dabei so aus, als ob er lacht.

b) Bilde selbst einen Satz, in dem mehrere Zahlwörter versteckt sind!

c) Fertige dir eine Sammlung von Wörtern oder Wortverbindungen an, in denen Zahlwörter oder mathematische Begriffe versteckt sind! Stelle daraus eine kleine Geschichte zusammen!

⑤ Figuren finden

Wie viele Dreiecke, Quadrate und Rechtecke findest du in jeder Figur?

a) 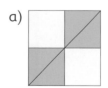   b)

c)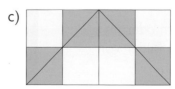

 Ergänze zu jedem Aufgabenblatt eine weitere Knobelaufgabe!

Mini-Projekt

Mathematik und Kunst

1

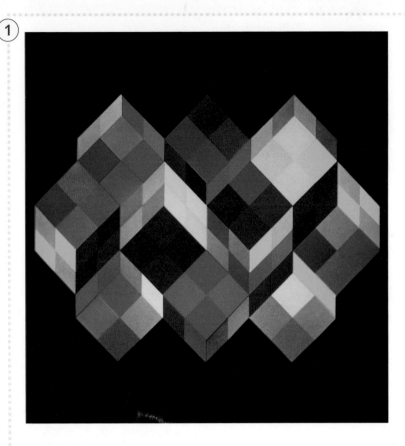

Viktor Vasarély malte Bilder, die eine optische Täuschung bewirken.

a) Welche geometrischen Formen und welche Farben siehst du auf dem Bild?

b) Nimm einen Spiegel! Lege ihn an verschiedenen Linien im Bild an! Wie verändert sich das Bild?

c) Drehe das Bild! Wie wirken die Formen nun?

d) Gestalte selbst ein solches Bild!

2

a) Betrachte das Bild und erkläre, wie der Künstler es geschafft hat, dass man in die Tiefe sehen kann!

b) Lege eine Folie auf und zeichne die Linien nach, die in die Mitte führen! Was stellst du fest?

c) Gestalte Würfel und Quader mit wiederkehrenden Farbstreifen!
Versuche das Bild nachzubauen!

d) Finde in Büchern oder im Internet andere Bilder von Viktor Vasarély!

3

Wasserfall von M. C. Escher

M. C. Escher (1898–1972)

Der niederländische Künstler Escher spielte beim Malen mit Figuren so geschickt, dass man oft Überraschendes oder sogar Unmögliches entdeckt.

a) Betrachte das Bild genau und beschreibe, was du entdeckst!

b) Was hat der Künstler auf dem Bild dargestellt, das es in Wirklichkeit nicht gibt?

4

A   B   C   D   E

a) Versucht mit Stäbchen und Knete die Figuren nachzubauen! Welche Figuren sind unmöglich?

b) Zeichnet selbst unmögliche Figuren!

---

5 Baut eine Würfel- und Quaderstadt! Zeichnet Würfel- und Quadernetze und gestaltet diese farbig! Baut aus den gefalteten Würfeln verschiedene Häuser!

Mini-Projekt

Entdeckungen am menschlichen Körper

1 a) Auch wenn du dieselbe Körpergröße wie ein anderes Kind hast, kannst du längere Beine oder kürzere Arme als das andere, gleich große Kind haben.
Ermittle mit Hilfe eines Partners deine Körpergröße, deine Bein- und deine Armlänge!
Vergleiche deine Maße mit den Maßen von etwa gleich großen Kindern deiner Klasse!
Was stellt ihr fest?

b) Hat das größte (das kleinste) Kind eurer Klasse auch die längsten (die kürzesten) Arme?

2 a) Wusstest du schon:
Blonde Menschen haben etwa 140 000 Haare auf dem Kopf, braunhaarige etwa 102 000, schwarzhaarige etwa 109 000 und rothaarige Menschen etwa 88 000.
Wie viele Haare hast du ungefähr auf deinem Kopf?

b) Ein Haar wächst in einem Monat etwa 12 mm.
Wie lang kann ein Haar ungefähr in einem Jahr wachsen?

c) Eine halbe Glatze hat ungefähr 50 000 Haare.
Wie viele Haare hat eine ganze Glatze?

d) Experiment: Wie stark ist ein Haar?

Untersucht, wie viel Gramm ein Haar halten kann!
Für dieses Experiment braucht ihr
– mehrere lange Haare,
– Klebestreifen,
– eine Plastiktüte mit Gewichten (Wägestücke),
– eine Holzstange.

Wickelt ein Haar mehrmals um die Stange und klebt es dann mit einem Klebestreifen fest!
Am unteren Ende des Haares befestigt ihr auf die gleiche Weise die Plastiktüte.

 Wandle um!

a) 18 mm = ☐ cm
☐ mm = 36 cm
47 mm = ☐ cm
☐ mm = 22 cm

b) 700 kg = ☐ t
☐ kg = 1,2 t
30 kg = ☐ t
☐ kg = 3,6 t

c) 2,6 l = ☐ ml
☐ l = 5 200 ml
0,9 l = ☐ ml
☐ l = 650 ml

d) 8 min = ☐ s
240 min = ☐ h
25 min = ☐ s
180 min = ☐ h

3

Einen groben Anhaltspunkt für die allgemeine Gesundheit eines Menschen gibt die Pulszahl.
Die durchschnittliche Pulszahl eines Menschen hängt von der jeweiligen Tätigkeit und von seinem Alter ab.

a) Erläutere die Angaben der Tabelle!

b) Zeichne zu den Zahlen der Tabelle ein Streifendiagramm!

Durchschnittliche Pulszahl eines ruhenden Menschen in Abhängigkeit vom Alter

Alter	1 Tag	1 Jahr	3 Jahre	10 Jahre
Pulszahl pro Min.	130 bis 140	110 bis 120	90 bis 100	80 bis 90

4 Experiment: Was leistet das Herz?

In ruhendem Zustand werden mit jedem Herzschlag rund 100 ml Blut in die Adern gepumpt. Das geschieht bei einem Erwachsenen zwischen 60- und 90-mal pro Minute.
Versuche mit einem Arm genauso schnell wie ein Herz zu arbeiten.
Für dieses Experiment braucht ihr einen Plastikbecher (für etwa 100 ml Wasser), 2 Schüsseln, Wasser und eine Uhr mit Sekundenzeiger.
Ein Kind versucht, 70 Becher Wasser pro Minute von einer Schüssel in die andere zu schöpfen. Das andere Kind stoppt die Zeit. In welcher Zeit schaffst du das?

5 Experiment: Wie schnell reagieren wir?

Stellt euch zu einem Kreis auf und haltet euch an den Händen fest.
Ein Kind ist der „Starter". Es ruft „Los!" und drückt gleichzeitig die Hand des rechten Nachbarn.
Wenn der Nachbar den Druck spürt, drückt er sofort die Hand des nächsten Kindes ...
Wenn ihr das Signal einmal im Kreis herum gesendet habt, ruft der Starter: „Stopp!"
Ein Kind steht in der Mitte und stoppt die gesamte Zeitdauer.
Wiederholt das Experiment mehrmals und vergleicht eure Reaktionszeiten. Ihr braucht eine Uhr mit Sekundenzeiger und eine schnelle Reaktion.

a)	b)	c)	d)	e)
150 + 320	1000 − 630	600 · 20	9 000 : 9	8 · 5 · 3
720 + 270	870 − 420	80 · 70	7 200 : 80	(9 + 70) · 2
810 + 680	690 − 390	500 · 400	5 000 : 2	6 + 54 · 10
900 + 97	2 200 − 22	15 · 600	6 900 : 30	420 : 6 + 4

Wir reisen durch Europa – Kommt mit!

Wir rei-sen durch Eu-ro-pa, von Ham-burg bis nach Am-ster-dam,

wir rei-sen durch Eu-ro-pa; wo kom-men wir denn an?

1 Im Hafen von Hamburg streicht der Matrose Heiner das Schiff „Sturmvogel". Er ist auf der untersten Sprosse der Strickleiter, die 15 Sprossen hat. Der Abstand zwischen 2 Sprossen ist 20 cm. In zwei Stunden kommt die Flut und der Wasserspiegel hebt sich um 2 m. Wie viele Sprossen muss Heiner hinaufsteigen, damit er keine nassen Füße bekommt?

2 Wie heißt das Land der Windmühlen, der Tulpen und des Käses?

Grüße aus Amsterdam

Um diese Etappe zu schaffen, musst du folgende Aufgaben lösen!

a) 875 · 45
   987 · 36
   303 · 58
   654 · 29

b) 978 : 6
   519 : 3
   4578 : 7
   5232 : 8

c) 982 − 376
   491 − 501
   732 − 458
   8654 − 979

d) 978 + 653
   1982 + 348
   519 + 708
   8769 + 235

3 Die Portugiesen waren große Entdecker. Im Jahre 1519 brach der Seefahrer Magellan zur ersten Weltumsegelung auf. Sie dauerte etwa 1100 Tage.

a) Vor wie vielen Jahren fand dieses Ereignis statt?

b) In welchem Jahr war Magellan wieder zurück in Portugal?

4 Der Eiffelturm, das Wahrzeichen von Paris

Bauzeit: 1887 bis 1889
Höhe: 317 m (324 m mit Antenne)
Gewicht: über 10 000 t
Stufen: 1792
Wartung: neuer Anstrich alle 7 Jahre mit
          ≈ 60 t Farbe,
          ≈ 25 Malern,
          ≈ 1500 Pinseln,
          ≈ 50 km Sicherungsseilen

Stelle Fragen, rechne und antworte!

Karte: ISLAND, NORWEGEN, SCHOTTLAND, NORDSEE, IRLAND, ENGLAND, NIEDERLANDE, DÄNEMA, BELGIEN, Amsterdam, Hamburg, BUNDESREPUB DEUTSCHLAND, Paris, ALTLANTISCHER OZEAN, FRANKREICH, SCHWEIZ, ÖSTERRE, ITALIEN, PORTUGAL, SPANIEN, Lissabon, MITTELMEER

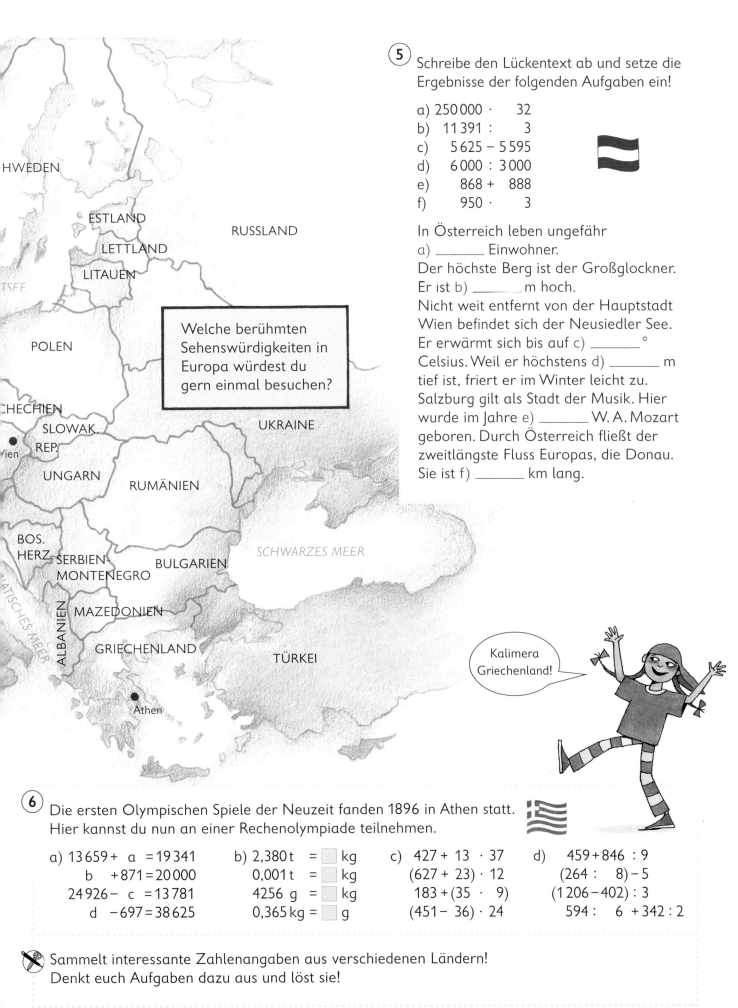

5 Schreibe den Lückentext ab und setze die Ergebnisse der folgenden Aufgaben ein!

a) 250 000 · 32
b) 11 391 : 3
c) 5 625 − 5 595
d) 6 000 : 3 000
e) 868 + 888
f) 950 · 3

In Österreich leben ungefähr
a) _____ Einwohner.
Der höchste Berg ist der Großglockner. Er ist b) _____ m hoch.
Nicht weit entfernt von der Hauptstadt Wien befindet sich der Neusiedler See. Er erwärmt sich bis auf c) _____ ° Celsius. Weil er höchstens d) _____ m tief ist, friert er im Winter leicht zu.
Salzburg gilt als Stadt der Musik. Hier wurde im Jahre e) _____ W. A. Mozart geboren. Durch Österreich fließt der zweitlängste Fluss Europas, die Donau. Sie ist f) _____ km lang.

Welche berühmten Sehenswürdigkeiten in Europa würdest du gern einmal besuchen?

Kalimera Griechenland!

6 Die ersten Olympischen Spiele der Neuzeit fanden 1896 in Athen statt. Hier kannst du nun an einer Rechenolympiade teilnehmen.

a) 13 659 + a = 19 341
   b + 871 = 20 000
   24 926 − c = 13 781
   d − 697 = 38 625

b) 2,380 t = ☐ kg
   0,001 t = ☐ kg
   4256 g = ☐ kg
   0,365 kg = ☐ g

c) 427 + 13 · 37
   (627 + 23) · 12
   183 + (35 · 9)
   (451 − 36) · 24

d) 459 + 846 : 9
   (264 : 8) − 5
   (1 206 − 402) : 3
   594 : 6 + 342 : 2

✂ Sammelt interessante Zahlenangaben aus verschiedenen Ländern! Denkt euch Aufgaben dazu aus und löst sie!

Fit für die Klasse 5?

---

① Addition

a)

793 + 9	63 000 + 8 500
548 + 37	180 000 + 40 000
2 630 + 780	99 000 + 999

b)

20 845	24 936	5 842
+ 79 132	+ 75 064	+ 2 845

c) 6 808 + 69 + 17 548 + 672
42 836 + 430 + 8 061 + 57

d) Addiere 7 642 und 992!
Verdopple die Summe!

e) Ergänze!
Summanden kann
man ... ,
die Summe ...

Ⓛ 585, 802,
3 410,
8 687,
17 268,
25 097,
51 384,
71 500,
99 977,
99 999,
100 000,
220 000

---

② Subtraktion

a)

506 − 8	50 000 − 3 700
623 − 56	130 000 − 50 000
5 420 − 860	200 000 − 8 750

b)

100 000	3 672	47 230
− 67 582	− 5 431	− 29 647

c) 34 578 − 692 − 321
50 000 − 2 876 − 555

d) Berechne die Differenz
der Zahlen 6 876 und
2 394!

e) Ergänze!
Subtraktionsaufgaben
sind nur dann lösbar,
wenn ...

Ⓛ 498, 567,
4 482,
4 560,
17 583,
32 418,
33 565,
46 300,
46 569,
80 000,
191 250,
n. l.

---

③ Multiplikation

a)

70 · 8	60 · 80	5 000 · 100
3 · 52	3 · 600	7 000 · 30

b)

76 · 9	8 · 47	39 · 51
327 · 56	298 · 84	2 861 · 39

c) Ein Müller hat 4 Söhne.
Jeder Sohn hat 2 Katzen,
von denen jede 3 Mäuse
am Tag frisst.
Wie viele Mäuse
werden in einer Woche
gefressen?

d) Ergänze!
Faktoren kann man ... ,
das Produkt ...

Ⓛ 156, 168,
376, 560,
684,
1 800,
1 989,
4 800,
18 312,
25 032,
111 579,
210 000,
500 000

---

④ Division

a)

219 : 3	480 : 6
4 200 : 600	320 : 40

b)

2 772 : 9	6 108 : 2
8 728 : 8	3 450 : 5
685 : 7	4 207 : 3
42 840 : 6	73 569 : 2

c) 800 kg Korn werden
in 50-kg-Säcken
zur Mühle getragen.
Wie viele Säcke sind das?

d) Ergänze!
Eine Zahl ist durch 2,
(3, 5, 10,100) teilbar,
wenn ...

Ⓛ 7, 8, 16,
73, 80,
97R6,
308, 690,
1 091,
1 402R1,
3 054,
7 140,
36 784R1

Trage wichtige Regeln in dein Merkbüchlein ein!

⑤ Größen

a) Ergänze!
   Wichtige Einheiten der _____ sind:
   km, _____ , _____ , _____ , mm.
   Ein Gramm schwer ist etwa: _____
   Ein Kilogramm schwer ist etwa: _____
   Ein Jahr hat _____ Tage, etwa
   _____ Wochen, _____ Monate und
   _____ Jahreszeiten.

b) 5 cm = ☐ mm
   5 cm = ☐ dm
   5 dm = ☐ cm
   5 m = ☐ km

c) 3 000 kg = ☐ t
   6 kg = ☐ g
   0,07 kg = ☐ g
   800 kg = ☐ t

d) 12 min = ☐ s
   180 min = ☐ h
   72 h = ☐ Tage
   7 h = ☐ min
   540 s = ☐ min

e) 1,7 l = ☐ ml
   2,19 € = ☐ ct
   6,5 m = ☐ cm
   960 s = ☐ min
   41 kg = ☐ g

⑥ Geometrie

a) Welche Augenzahl ist oben, wenn du den Würfel
   – einmal nach links,
   – zweimal nach vorn kippst?

b) Wie musst du den Würfel kippen, damit unten  , … liegt?

c) Welche und wie viele geometrische Figuren erkennst du?

⑦ Zeichen und Begriffe

a) Was bedeuten diese Zeichen?
   <, ≈, :, =, –, >

b) Erkläre die Begriffe:
   Minuend, Dividieren und Summe!

c) Ergänze mit mathematischen Begriffen!
   Das Ergebnis einer Multiplikation heißt
   _____ . Eine Differenz ist das Ergebnis einer _____ . _____ werden
   addiert, _____ werden multipliziert.
   _____ geteilt durch _____ ist
   gleich Quotient.

d) Schreibe mit römischen Zahlzeichen !
   18, 26, 72, 115, 555, 1634

e) Schreibe mit unseren Zahlen!
   IV, XII, XIX, LXIV, DCCXXI,
   MM, MDXXXVII

⑧ Knobeln

a) Wie viele verschiedene Verbindungs-
   strecken gibt es zwischen 5 Punkten?
   Dabei dürfen nicht mehr als 2 Punkte
   auf einer Geraden liegen.

b) Anna, Bea, Claudia und Dana laufen
   um die Wette. Welche und wie viele
   mögliche Reihenfolgen des Zieleinlaufs
   gibt es?

Dieses Buch wird ergänzt durch:
Arbeitsheft „Rechenwege" – Klasse 4, ISBN 978-3-06-080783-3
Arbeitsheft „Rechenwege" – Klasse 4 mit CD-ROM, ISBN 978-3-06-080784-0
Handreichungen für den Unterricht „Rechenwege" – Klasse 4, ISBN 978-3-06-080785-7

Jedem Buch liegen Arbeitsmaterialien aus Karton bei. Diese können
auch gesondert beim Verlag bezogen werden.

Redaktion: Susanne Knipper

Umschlaggestaltung und Illustration: Petra Kurze und Klaus Vonderwerth
Layout und technische Umsetzung: Wladimir Perlin

Bildnachweis: Akg-images (136); Akg-images/L.M. Peter (129); AKG Berlin (13); Archiv Cornelsen Verlag (13, 21, 25, 55);
Bildagentur Huber, Mittenwalde (18); Döring, Hohenneuendorf (18, 59, 70, 97, 100, 104); Messe Berlin (18); Stubenrauch,
Berlin (32, 56, 58); Okapia (40); Ullstein Bilderdienst/Ralf Pollack (40); Michael Tyler, Australia (41);
Ullstein Bilderdienst/contrast/Behrendt (50); Hoyer, Galenbeck (55); TOP-Fotografie, Niederwiesa (56);
R. Fischer, Berlin (96); G. Friese, Berlin (33, 110); Mirwald, Berlin (96); Wotin, Neubrandenburg (138, 139);
Nature + Science, Liechtenstein (120); Stone, Hamburg (120); Kulka, Düsseldorf (108); Blickwinkel/A. Hartl (78, 79);
auto motor und sport/MPI (41); H. Braun/OKAPIA (18); p-a/Berliner Kurier/Andreas Teich (88); p-a/Eckert Pott (78);
p-a/Werner Nagel (79); p-a/Cai Yuhao (72); ullstein-rufenach (35); ullstein-bork (65); ullstein – KPA (65); VISUM (129);
f1online (129), Widmann (15); PROFIL Fotografie Marek Lange (105)

www.vwv.de
www.cornelsen.de

1. Auflage, 6. Druck 2010 / 06

© 2005 Cornelsen Verlag, Berlin

Druck: Druckhaus Berlin-Mitte GmbH

ISBN 978-3-06-080782-6

 Inhalt gedruckt auf säurefreiem Papier aus nachhaltiger Forstwirtschaft.